Inhaltsverzeichnis

Vorwort

Der Taschenrechner nimmt den Schülerinnen und Schülern bestimmte, bereits bekannte Rechenalgorithmen im Mathematikunterricht ab – er dient quasi als „Rechenknecht".
So sparen die Schüler Zeit beim Rechnen und können sich auf die jeweils im Fokus stehenden mathematischen Inhalte bzw. Kompetenzen konzentrieren. Dies ist besonders wichtig, da gerade bei Sachaufgaben bzw. Modellierungsaufgaben der Ansatz und die Rechenwege im Vordergrund stehen. Der Schwerpunkt wird somit vom *Können* auf das *Verstehen* verlagert.

In den bundesweit geltenden Bildungsstandards wird das Modellieren als mathematische Kompetenz beschrieben. Das Arbeiten auf der Ebene des reinen Rechnens wird dabei durch den Einsatz des Taschenrechners unterstützt und entlastet.
Sowohl in den Bildungsstandards als auch in den Lehrplänen aller Bundesländer wird der sinnvolle Einsatz des Taschenrechners als mathematisches Werkzeug gefordert.

Folgende weitere Funktionen erfüllt der Taschenrechner im Mathematikunterricht:

- Er dient als Kontrollwerkzeug.
- Er hilft bei der Erarbeitung von Regeln und Verfahren.
- Er kann im Rahmen der Differenzierung eingesetzt werden.

Jedoch sollten weder das Kopfrechnen noch das schriftliche Rechnen durch den Taschenrechner zu kurz kommen. Regelmäßig sollten deshalb Phasen ohne Taschenrechnereinsatz im Mathematikunterricht integriert sein.

Die vorliegende Unterrichtshilfe enthält alle wesentlichen Themen rund um den Gebrauch des Taschenrechners in der Sekundarstufe I:

- Bedienfunktionen (grundlegende Tastenfunktionen wie an-/ausschalten, Zahlen eingeben, speichern, …)
- Grundrechenarten und Klammern
- Bruchrechnung
- Prozentrechnung
- Sonstige mathematische Funktionen (quadrieren, Wurzel ziehen, …)

Die einzelnen Stationen enthalten Erklärungen in Form von Informationskästen sowie eine Vielzahl an Aufgaben. Die Arbeitsblätter sind für alle Taschenrechnertypen einsetzbar, unabhängig vom Gerätetyp. Die Übungsformen ermöglichen eine Selbstkontrolle und bieten attraktive und motivierende Aufgabenformate für Ihre Schülerinnen und Schüler.

Bei den Stationsarbeiten handelt es sich um eine Arbeitsform, bei der unterschiedliche Lernvoraussetzungen, unterschiedliche Zugänge und Betrachtungsweisen und unterschiedliche Lern- und Arbeitstempi der Schülerinnen und Schüler Berücksichtigung finden. Die Grundidee ist es, den Schülerinnen und Schülern einzelne Arbeitsstationen anzubieten, an denen sie gleichzeitig selbstständig arbeiten können.
Die Reihenfolge des Bearbeitens der einzelnen Stationen ist dabei ebenso frei wählbar wie das Arbeitstempo und meist auch die Sozialform.

Als dominierende Unterrichtsprinzipien sind bei allen Stationen die Schülerorientierung und Handlungsorientierung aufzuführen. Schülerorientierung meint, dass der Lehrer in den Hintergrund tritt und nicht mehr im Mittelpunkt der Interaktion steht. Er wird zum Beobachter, Berater und Moderator. Seine Aufgabe ist nicht das Strukturieren und Darbieten des Lerngegenstandes in kleinsten Schritten, sondern durch die vorbereiteten Stationen eine Lernatmosphäre zu schaffen, in der Schülerinnen und Schüler sich Unterrichtsinhalte eigenständig erarbeiten bzw. Lerninhalte festigen und vertiefen können.

Handlungsorientierung meint, dass das angebotene Material und die Arbeitsaufträge für sich selbst sprechen. Der Unterrichtsgegenstand und die zu gewinnenden Erkenntnisse werden nicht durch den Lehrer dargeboten, sondern durch die Auseinandersetzung mit dem Material und die eigene Tätigkeit gewonnen und begriffen.

Ziel der Veröffentlichung ist, wie bereits oben angesprochen, das Anknüpfen an unterschiedliche Lernvoraussetzungen der Schülerinnen und Schüler. Jeder einzelne erhält seinen eigenen Zugang zum inhaltlichen Lernstoff. Die einzelnen Stationen ermöglichen das Lernen nach allen Sinnen, bzw. nach den verschiedenen Eingangskanälen.

Laufzettel

für ______________________________

Pflichtstationen

Stationsnummer	erledigt	kontrolliert
Nummer ______		
Nummer ______		
Nummer ______		
Nummer ______		
Nummer ______		
Nummer ______		
Nummer ______		
Nummer ______		

Wahlstationen

Stationsnummer	erledigt	kontrolliert
Nummer ______		
Nummer ______		
Nummer ______		
Nummer ______		

Name:

Wo ist welche Taste?

Aufgabe

Jeder Taschenrechner sieht in der Regel etwas anders aus. Bestimmte Tasten finden sich allerdings bei fast allen Taschenrechnern. Ordne die richtigen Begriffe zu. Wenn du unsicher bist, kannst du die Tasten auf deinem Taschenrechner suchen und ausprobieren.

addieren – subtrahieren – multiplizieren – dividieren –
Rechner ausschalten – Rechner einschalten – letzte Eingabe löschen –
Ergebnis anzeigen – Prozentrechnung – Wurzel ziehen – Komma eintippen

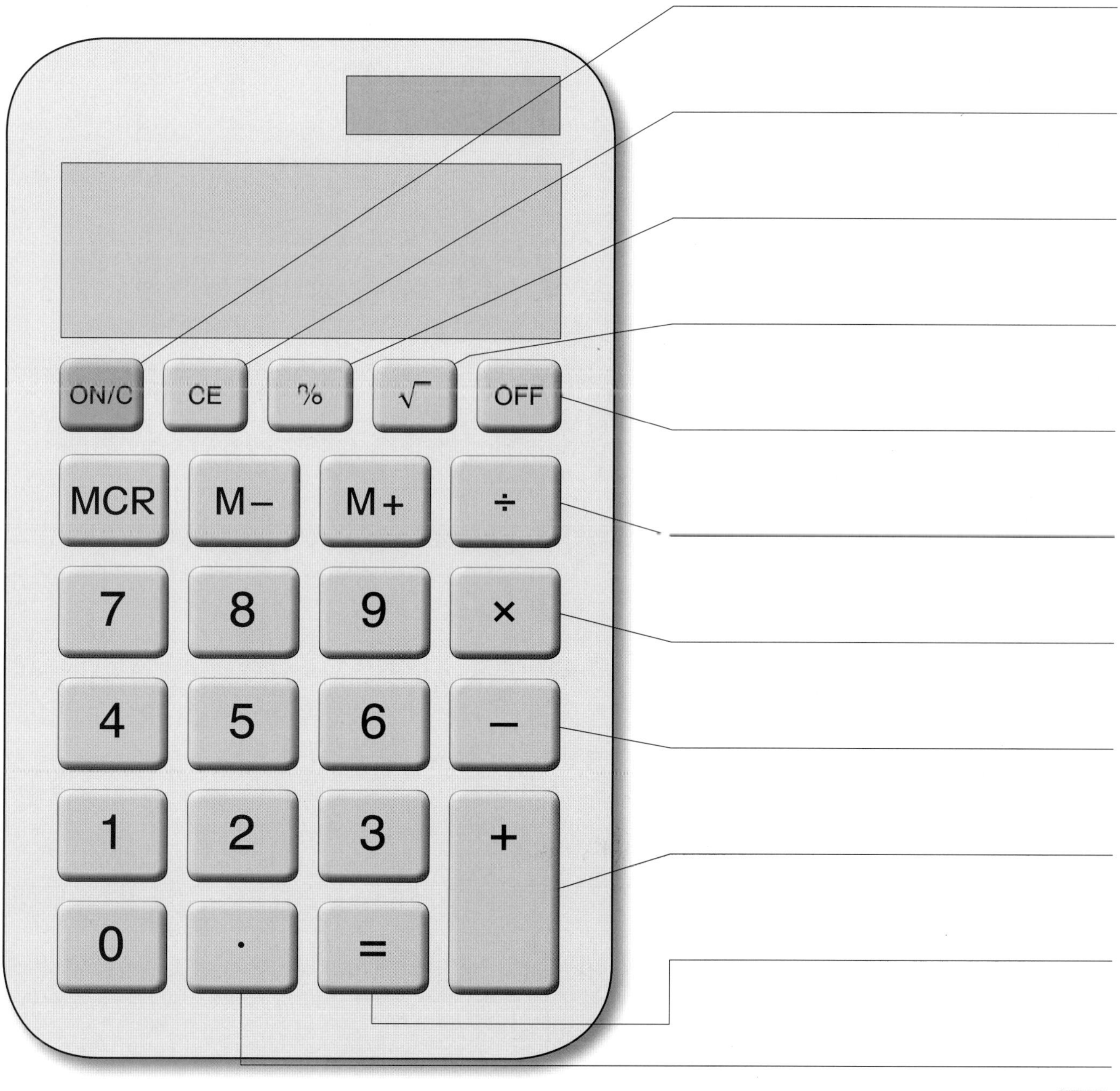

Station 2

Name: ____________________

Mein eigener Taschenrechner

Aufgabe

Jeder Taschenrechner sieht in der Regel etwas anders aus. Fertige eine Skizze deines eigenen Taschenrechners an und beschrifte die Tasten.

Station 3

Name: ____________________

Wichtige Tasten

Aufgabe

Die abgebildeten Tasten musst du fast immer benutzen. Beschreibe kurz ihre Funktion. Am besten probierst du sie bei deinem Taschenrechner aus.

a) ON / OFF

____

____

b) CE / C

____

____

c) =

____

____

d) 2nd

____

____

e) .

____

____

Station 4

Name: ____________________

Zahlen eingeben (1)

Aufgabe 1

Gib die Zahlen ein. Drehe anschließend den Taschenrechner um 180° und notiere das Wort, das du jetzt ablesen kannst.

a) 343 ____________________

b) 3553 ____________________

c) 73834 ____________________

d) 73935 ____________________

e) 3907018 ____________________

f) 1809 ____________________

g) 3705 ____________________

h) 3504 ____________________

i) 38317 ____________________

j) 3573 ____________________

k) 91553 ____________________

l) 35308 ____________________

m) 1773 ____________________

n) 7391 ____________________

Aufgabe 2

Welche Zahlen verbergen sich hinter folgenden Wörtern?

a) GEL ____________________

b) ESEL ____________________

c) SILBE ____________________

d) EILE ____________________

e) EIS ____________________

f) HOLE ____________________

g) HIEB ____________________

h) LIEGE ____________________

Name: ____________________

Zahlen eingeben (2)

Aufgabe

Tippe die Zahlen in deinen Taschenrechner ein. Drehe den Taschenrechner um und markiere das Wort im Buchstabensalat unten.

7391	7353	315	513
738316	35534	37405	38317
35505	3704	3504	73804
8315	335	739	39317
35308	3773817	35137	31907039

W	E	E	S	E	L	R	H	L	C	H	O	S	E	F
I	T	R	S	N	L	E	I	S	E	L	Z	Q	K	Z
M	R	G	E	V	J	I	B	X	T	Q	I	G	E	L
D	H	E	S	S	E	V	M	W	L	A	J	A	T	O
M	R	O	O	T	E	H	O	B	E	L	E	E	S	R
G	I	L	S	A	Y	G	E	M	X	I	K	L	E	Y
E	J	O	S	Z	R	S	Q	M	T	E	T	O	E	K
L	T	G	E	M	U	I	M	O	R	B	G	J	G	B
Q	C	I	U	T	R	E	D	A	L	E	A	S	A	O
L	I	E	G	E	Z	R	W	T	M	N	D	O	R	E
Z	E	K	M	S	I	E	B	T	B	O	F	H	U	S
L	I	E	X	F	A	A	P	Y	K	F	R	L	I	E
A	S	H	B	R	Y	P	B	G	I	E	B	E	L	M
E	I	B	L	I	B	E	L	L	E	V	E	K	Q	I
F	K	U	D	U	H	O	L	E	E	H	M	T	L	A

Station 6

Name: ____________________

Speichern

In manchen Situationen ist es sinnvoll, dass man bestimmte Zahlen speichert und sie dann wieder abruft.

1 Über die Taste [Sto] (Sto = store = speichern) kannst du die im Display stehende Zahl speichern.

2 Über die Taste [RCL] (RCL = recall = zurückrufen) kannst du die gespeicherte Zahl wieder abrufen.

3 Manche Taschenrechner haben mehrere Speicherplätze. Du speicherst eine Zahl im ersten Speicher, wenn du die Tasten [Sto] und [1] drückst.
Du rufst die Zahl im ersten Speicher ab, indem du die Tasten [RCL] und [1] drückst.

Aufgabe

Berechne zunächst die erste Klammer und speichere das Ergebnis. Berechne dann die zweite Klammer. Rechne dann weiter, indem du das gespeicherte Ergebnis abrufst. Im Kasten unten sind die Ergebnisse durcheinander abgebildet. Streiche alle gefundenen Lösungen durch.

Beispiel: (234 + 854) · (578+ 137).

Du rechnest 234 + 854 mit dem Taschenrechner und speicherst das Ergebnis.

Anschließend berechnest du 578 + 137. Das Ergebnis wird mit der Zahl im Speicher multipliziert.

a) (134 + 287) · (81 + 177)

b) (217 + 109) · (85 + 154)

c) (155 + 86) · (52 + 214)

d) (289 + 87) · (73 + 144)

e) (487 – 258) · (874 – 257)

f) (1489 – 1257) · (4258 – 3957)

g) (805 – 709) · (344 – 281)

h) (25784 – 25495) · (36741 – 36586)

77914 6048 44795 64106
69832 108618 141293 81592

Station 7

Name: ______________________

Zahlenanzeige (1)

Berechne folgende Aufgabe mit deinem Taschenrechner:

750 000 · 750 000

Im Display erscheint als Lösung: 5.625^{11}.

Dies ist die sogenannte „Scientific Notation". Dabei handelt es sich um eine abkürzende Schreibweise. Sie bedeutet $5{,}625 \cdot 10^{11} = 5{,}625 \cdot 100\,000\,000\,000 = 562\,500\,000\,000 =$ fünfhundertzweiundsechzig Milliarden fünfhundert Millionen.

Aufgabe

Schreibe die Zahlen ausführlich mit Ziffern.

a) 3.671^{11} = ______________________

b) 2.5^{11} = ______________________

c) 2.73^{12} = ______________________

d) 0.5^{12} = ______________________

e) 6.808^{14} = ______________________

f) 4.00587^{11} = ______________________

Station 8

Name: ______________________

Zahlenanzeige (2)

0,008 : 50 000 000

Im Display erscheint als Lösung: 1.6 -10 .

Dies ist die sogenannte „Scientific Notation“. Dabei handelt es sich um eine abkürzende Schreibweise. Sie bedeutet $1{,}6 \cdot 10^{-10} = 1{,}6 \cdot 0{,}000\,000\,000\,1 = 0{,}000\,000\,000\,16$.

Aufgabe

Schreibe die Zahlen ausführlich mit Ziffern.

a) 2.5 -10 = ______________________

b) 3.587 -10 = ______________________

c) 0.6 -10 = ______________________

d) 9.4 -12 = ______________________

e) 5.407 -13 = ______________________

f) 3.005 -15 = ______________________

Station 1

Addition von natürlichen Zahlen

Name:

Wie werden natürliche Zahlen addiert?

1 Tippe die erste Zahl (erster Summand) in den Taschenrechner ein.

2 Drücke anschließend die Additionstaste [+].

3 Tippe die zweite Zahl (zweiter Summand) ein und drücke abschließend auf die Gleich-Taste [=].

Aufgabe

Berechne die Aufgaben mit dem Taschenrechner. Verbinde mit dem richtigen Ergebnis auf der rechten Seite.

a) 47 854 + 58 743	833 055
b) 85 098 + 147 593	8 461 574
c) 536 987 + 125 874	232 691
d) 2 587 368 + 5 874 206	13 274 743
e) 963 258 + 655 886	900 388
f) 640 785 + 259 603	9 209 297
g) 476 083 + 611 379	1 619 144
h) 200 478 + 632 577	7 602 919
i) 2 369 441 + 5 233 478	106 597
j) 4 852 633 + 8 422 110	662 861
k) 6 775 789 + 2 433 508	1 087 462

Addition und Subtraktion von ganzen Zahlen

Name: ____________________

Wie werden ganze Zahlen (auch negative Zahlen) addiert oder subtrahiert?

Addition (+)

1 Tippe die erste Zahl (erster Summand) in den Taschenrechner ein. Sollte die Zahl negativ sein, musst du noch die Vorzeichentaste betätigen [+/–].

2 Drücke anschließend die Additionstaste [+].

3 Tippe die zweite Zahl (zweiter Summand) ein. Sollte die zweite Zahl negativ sein, musst du noch die Vorzeichentaste betätigen [+/–]. Drücke abschließend auf die Gleich-Taste [=].

Subtraktion (–)

1 Tippe die erste Zahl (Minuend) in den Taschenrechner ein. Sollte die Zahl negativ sein, musst du noch die Vorzeichentaste betätigen [+/–].

2 Drücke anschließend die Subtraktionstaste [–].

3 Tippe die zweite Zahl (Subtrahend) ein. Sollte die zweite Zahl negativ sein, musst du noch die Vorzeichentaste betätigen [+/–]. Drücke abschließend auf die Gleich-Taste [=].

Aufgabe

Berechne die Aufgaben mit dem Taschenrechner. Im Kasten unten sind die Ergebnisse durcheinander abgebildet. Streiche alle gefundenen Lösungen durch.

a) –1478 + (–2598)

b) 85741 + (–3024781)

c) –636987 – 547891

d) 8657421 – 996587421

e) 65748 – (–859674)

f) –96447 – (–658754)

g) –5621479 + 987220

h) –157478 – 15784 + 36547

i) –63688 + (–57412) – 69887

j) –41785 – 658741 + (–23547)

k) 6952004 – 563214 – 58741 – 663221

-724073 -2939040 925422 562307 -4634259

-987930000 -1184878 -136715 -190987 -4076 5666828

Addition und Subtraktion von rationalen Zahlen

Name: ______________________

Wie werden rationale Zahlen (auch negative Zahlen und Kommazahlen) addiert oder subtrahiert?

Addition (+)

1 Tippe die erste Zahl (erster Summand) in den Taschenrechner ein. Benutze gegebenenfalls die Kommataste (Achtung: Bei den meisten Taschenrechnern findest du an dieser Stelle kein Komma, sondern einen Punkt [·]). Sollte die Zahl negativ sein, musst du noch die Vorzeichentaste betätigen [+/–].

2 Drücke anschließend die Additionstaste [+].

3 Tippe die zweite Zahl (zweiter Summand) ein. Sollte die zweite Zahl negativ sein, musst du noch die Vorzeichentaste betätigen [+/–]. Drücke abschließend auf die Gleich-Taste [=].

Subtraktion (–)

1 Tippe die erste Zahl (Minuend) in den Taschenrechner ein. Benutze gegebenenfalls die Kommataste. Sollte die Zahl negativ sein, musst du noch die Vorzeichentaste betätigen [+/–].

2 Drücke anschließend die Subtraktionstaste [–].

3 Tippe die zweite Zahl (Subtrahend) ein. Sollte die zweite Zahl negativ sein, musst du noch die Vorzeichentaste betätigen [+/–]. Drücke abschließend auf die Gleich-Taste [=].

Aufgabe

Berechne die Aufgaben mit dem Taschenrechner und trage die Ergebnisse richtig in das Kreuzzahlrätsel ein. Schreibe vor jede Zahl das Vorzeichen + oder – in ein eigenes Kästchen. Das Komma trägst du ebenfalls in ein eigenes Kästchen ein.

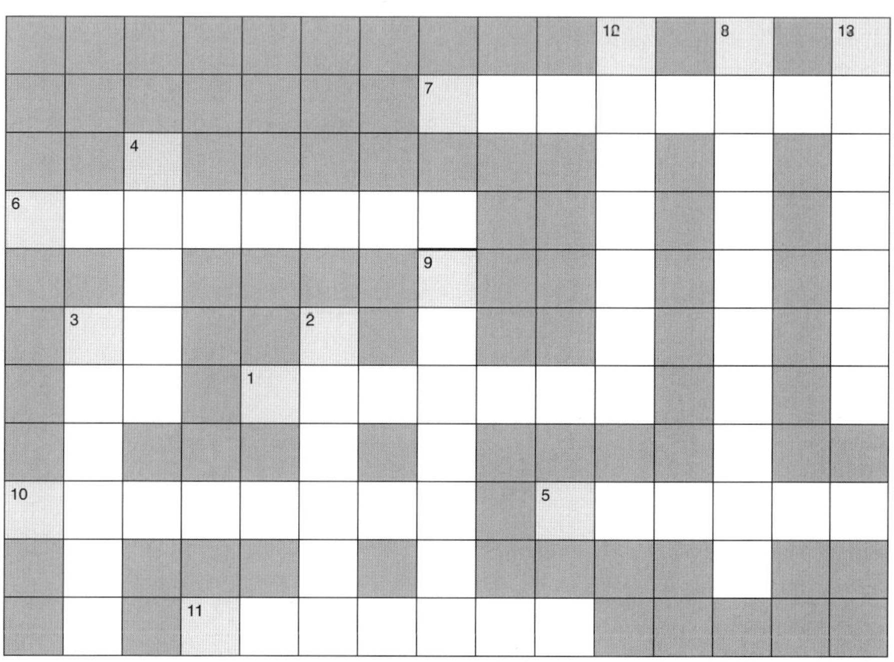

Waagerecht:

1) 3,641 + 8,745
5) –3,35 + 4,785
6) –854,98 – 541,07
7) –447,85 + (–33,574)
10) –0,24485 – 0,04789
11) 2,53 + 6,587 + 13,458

Senkrecht:

2) 0,587 + 0,615
3) 4,578 – 3,54
4) 18,52 – 21,85
8) –9 654,2047 – (–5 478,52)
9) 2,63 – (–1,7125)
12) –4,578 + (–2,07) + (–4,078)
13) 0,047 – 2,574 – 1,6347

Station 4

Multiplikation und Division von natürlichen Zahlen

Name: ____________________

Wie werden natürliche Zahlen multipliziert oder dividiert?

Multiplikation [×]

1. Tippe die erste Zahl (erster Faktor) in den Taschenrechner ein.
2. Drücke anschließend die Mal-Taste [×].
3. Tippe die zweite Zahl (zweiter Faktor) ein und drücke abschließend die Gleich-Taste [=].

Division [÷]

1. Tippe die erste Zahl (Dividend) in den Taschenrechner ein.
2. Drücke anschließend die Geteilt-Taste [÷].
3. Tippe die zweite Zahl (Divisor) ein und drücke abschließend die Gleich-Taste [=].

Aufgabe

Berechne die Aufgaben mit dem Taschenrechner und trage die Ergebnisse richtig in das Kreuzzahlrätsel ein.

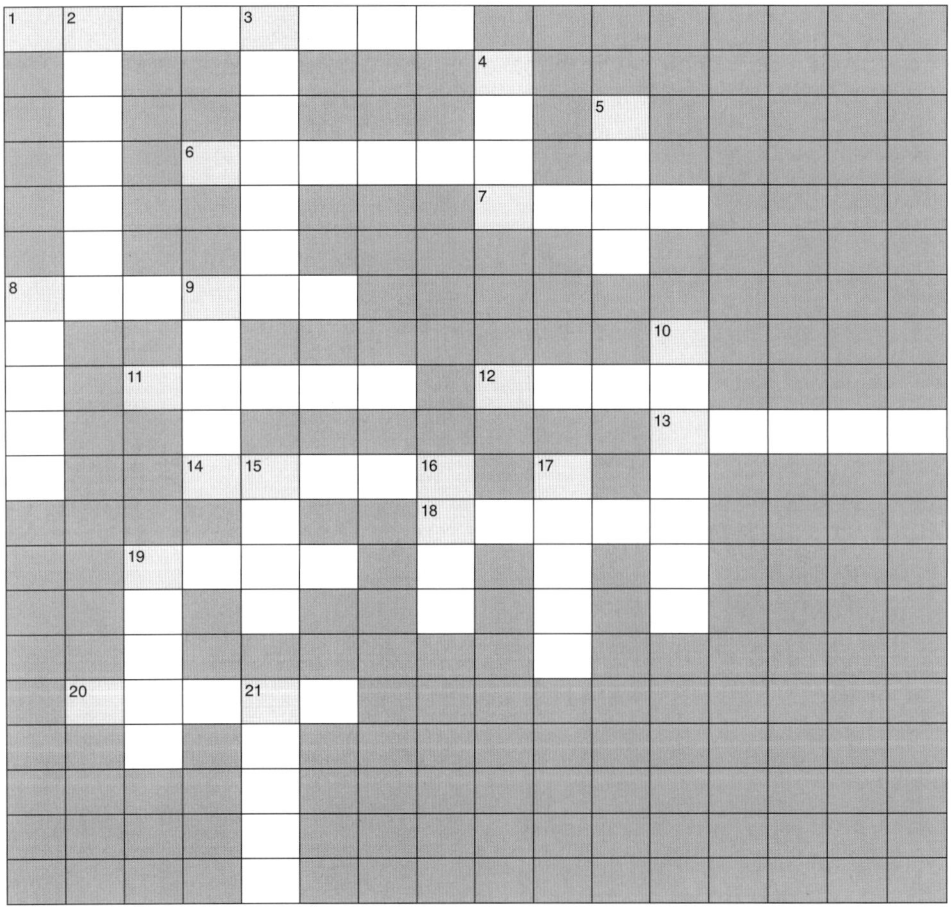

Waagerecht:
1) $3294 \cdot 5216$
6) $826 \cdot 788$
7) $1349712 : 336$
8) $95 \cdot 1104$
11) $417 \cdot 25$
12) $4439556 : 444$
13) $13674814 : 214$
14) $114 \cdot 206$
18) $172 \cdot 294$
19) $27 \cdot 38$
20) $100757500 : 9830$

Senkrecht:
2) $10250 \cdot 691$
3) $2104 \cdot 687$
4) $282864 : 71$
5) $714618 : 87$
8) $166432 : 16$
9) $36 \cdot 2417$
10) $1217 \cdot 2437$
15) $36 \cdot 98$
16) $141174 : 31$
17) $533148 : 21$
19) $326971 : 19$
21) $2463317 : 47$

Multiplikation und Division von ganzen Zahlen

Name: ______________________

Wie werden ganze Zahlen (auch negative Zahlen) multipliziert oder dividiert?

Multiplikation [×]

1 Tippe die erste Zahl (erster Faktor) in den Taschenrechner ein. Sollte die Zahl negativ sein, musst du noch die Vorzeichentaste betätigen [+–].

2 Drücke anschließend die Mal-Taste [×].

3 Tippe die zweite Zahl (zweiter Faktor) ein. Sollte die zweite Zahl negativ sein, musst du noch die Vorzeichentaste betätigen [+–]. Drücke abschließend die Gleich-Taste [=].

Division [÷]

1 Tippe die erste Zahl (Dividend) in den Taschenrechner ein. Sollte die Zahl negativ sein, musst du noch die Vorzeichentaste betätigen [+/–].

2 Drücke anschließend die Geteilt-Taste [÷].

3 Tippe die zweite Zahl (Divisor) ein. Sollte die zweite Zahl negativ sein, musst du noch die Vorzeichentaste betätigen [+/–]. Drücke abschließend die Gleich-Taste [=].

Aufgabe

Berechne mit dem Taschenrechner. Suche die Lösungen im Bild und verbinde sie in der richtigen Reihenfolge miteinander. Wenn du alles richtig gemacht hast, erscheint ein entsprechendes Bild.

a) 27 · (–141)
b) –55 · 475
c) –49 · (–247)
d) –225 · (–117)
e) –112 · 288
f) 671 · (–412)
g) 225 · (–1 247)
h) –477 · 460
i) –1 285 · (–687)
j) –2 007 · (–1 295)
k) –3 578 · (–2 419)
l) 2 498 · (–7 587)
m) 147 · 158 · (–19)
n) –568 · 234 · (–17)
o) –47 · (–88) · (–99)

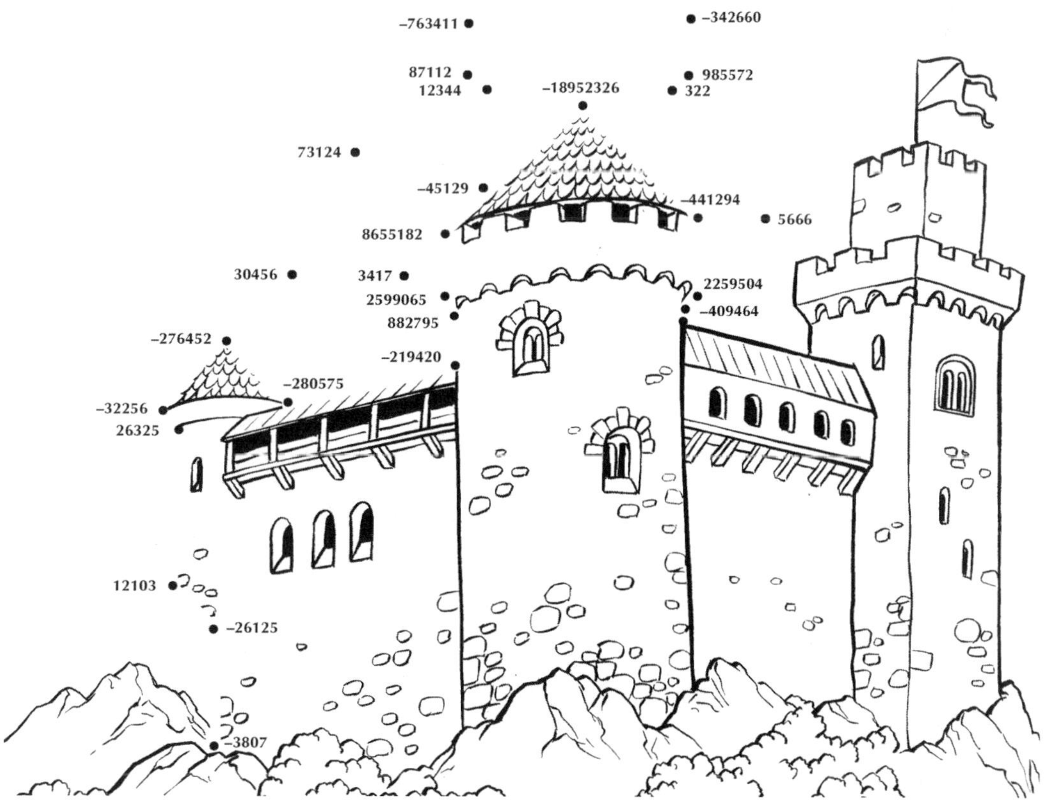

Name: ______________________

Multiplikation und Division von rationalen Zahlen

Wie werden rationale Zahlen (auch negative Zahlen und Kommazahlen) multipliziert oder dividiert?

Multiplikation [×]

1 Tippe die erste Zahl (erster Faktor) in den Taschenrechner ein. Benutze gegebenenfalls die Kommataste (Achtung: Bei den meisten Taschenrechnern findest du an dieser Stelle kein Komma, sondern einen Punkt [·]). Sollte die Zahl negativ sein, musst du noch die Vorzeichentaste betätigen [+/–].

2 Drücke anschließend die Mal-Taste [×].

3 Tippe die zweite Zahl (zweiter Faktor) ein. Sollte die zweite Zahl negativ sein, musst du noch die Vorzeichentaste betätigen [+/–]. Drücke abschließend die Gleich-Taste [=].

Division [÷]

1 Tippe die erste Zahl (Dividend) in den Taschenrechner ein. Benutze gegebenenfalls die Kommataste (Achtung: Bei den meisten Taschenrechnern findest du an dieser Stelle kein Komma, sondern einen Punkt [·]). Sollte die Zahl negativ sein, musst du noch die Vorzeichentaste betätigen [+/–].

2 Drücke anschließend die Geteilt-Taste [÷].

3 Tippe die zweite Zahl (Divisor) ein. Sollte die zweite Zahl negativ sein, musst du noch die Vorzeichentaste betätigen [+/–]. Drücke abschließend die Gleich-Taste [=].

Aufgabe

Berechne die Aufgaben mit dem Taschenrechner. Die Buchstaben zu den Lösungen ergeben ein Lösungswort.

___	___	___	___	___	___	___	___	___	___	___	___	___	___	___	___	___
a)	b)	c)	d)	e)	f)	g)	h)	i)	j)	k)	l)	m)	n)	o)	p)	q)

a) 2,8 · 3,5
b) 4,5 · 7,2
c) 5,08 · 6,3
d) 0,054 · 0,57
e) 1,047 · 2,83
f) 2,98 · (–4,72)
g) –3,57 · (–8,9)
h) –16,5 · (–27)
i) –112,5 · 147
j) 24,578 · (–13,874)
k) –0,047305 · (–0,23)
l) 1,8573 · 2,5963
m) –147,5 · (–25,007)
n) 2,5 · 3,6 · (–2,5)
o) –26,58 · (–3,58) · 1,53
p) –0,547 · (–0,358) · (–0,2)
q) –0,75 · (–0,57) · (–15)

L = 32,4
E = 9,8
S = 3688,5325
I = 31,773
I = –16537,5
Z = 445,5
E = 32,004
T = –340,995172
Ä = 0,01088015
T = 4,82210799
T = 2,96301
E = 145,589292
K = 0,03078
R = –14,0656
W = –22,5
K = –6,4125
R = –0,0391652

Station 7

Name: ____________________

Vermischte Übungen zu den Grundrechenarten

Aufgabe

Berechne die einzelnen Aufgaben mit dem Taschenrechner. Drehe ihn dann um 180°, lies das Lösungswort ab und notiere es in die Geschichte.

(2 417 319 + 1 354 496) ____________________ arbeitet im (–1,83 + 1,85) ____________________.

Ihr Hund heißt (0,42375 + 0,39425) ____________________.

Außerdem hat sie noch einen (–27 361 + 34 752) ____________________.

Ihre große (72 539 – 34 222) ____________________ heißt (–25 · [–32,32]) ____________________.

(–52 147 + 52 955) ____________________ ist allerdings ein (0,3548 – 1,06399) ____________________.

Er hat viel (–9 976,5 : [–13,5]) ____________________ in den Haaren.

Außerdem ist er immer sehr (489 818,643 : 0,537) ____________________.

Nichts ist ihm (–253 174 – [–1 170 892]) ____________________ genug.

Der (–13 770 · [–0,4]) ____________________ von (754 363 · 0,5) ____________________ ist (–16 700,98 : [–0,47]) ____________________.

Er wohnt in einer (127 316 + 246 988) ____________________ und ist von Beruf (–4 518 314 + 8 425 353) ____________________.

Manchmal verhält er sich wie ein (47 351 – 39 998) ____________________.

Punktrechnung vor Strichrechnung

Name: ______________________

Aufgabe 1

Timo hat folgende Aufgaben in den Taschenrechner eingetippt: 30 + 10 · 5
Timo wundert sich, dass der Taschenrechner ihm das Ergebnis 80 anzeigt.

a) Welches Ergebnis hat Timo wohl eher erwartet? ______________________

b) Warum ist das Ergebnis des Taschenrechners richtig?

____

____

Mittlerweile beachtet fast jeder Taschenrechner die Rechenregel „Punkt- vor Strichrechnung“.

Rechenausdrücke wie „154 + 9 · 19“ kannst du also komplett in den Taschenrechner eintippen. „Komplett eintippen“ bedeutet, dass du auf keinen Fall nach der Eingabe von [1] [5] [4] [+] [9] auf die Gleich-Taste [=] drücken darfst. Der Taschenrechner berechnet ansonsten zunächst 154 + 9, was an dieser Stelle falsch wäre.

Aufgabe 2

Berechne die abgebildeten Rechenausdrücke mit dem Taschenrechner. Im Kasten unten sind die Ergebnisse durcheinander abgebildet. Streiche alle gefundenen Lösungen durch.

a) 24 + 13 · 8	b) 147 + 18 · 47	c) 14 · 27 + 39
d) 138 · 52 + 578	e) 568 – 36 · 4	f) 478 596 – 125 · 18
g) 605 879 – 14 · 147	h) 587 · 19 – 5 864	i) 36 · 14 + 17 · 19
j) 297 · 55 + 388 · 19	k) 55 · 147 – 14 · 152	l) 209 · 18 – 156 · 17
m) 25 · 38 + 16 · 14 + 13 · 18	n) 58 · 17 + 55 · 19 – 43 · 16	o) 57 · 38 – 16 · 27 + 47 · 66

128 417 476 346 424 4 836
827 7 754 5 289 1 343 1 408
993 23 707 603 821 1 110 5 957

Name:

Klammern

Wenn man Klammerausdrücke mit in den Taschenrechner eingeben möchte, muss man die entsprechenden Klammertasten drücken.

Taste für Klammer auf: [( ]   Taste für Klammer zu: [ )]

Beispiel: $24 \cdot (37 + 41)$. Hier tippst du Folgendes in den Taschenrechner ein:

[2] [4] [×] [(] [3] [7] [+] [4] [1] [)] [=]

Aufgabe 1

Berechne die beiden Aufgaben mit dem Taschenrechner.

a) $25 \cdot (33 + 47)$ b) $25 \cdot 33 + 47$

c) Warum sind die Ergebnisse in a) und in b) unterschiedlich? Begründe.

____

____

Aufgabe 2

Berechne die Aufgaben mit dem Taschenrechner. Die Buchstaben zu den Lösungen ergeben ein Lösungswort.

__ __ __ __ __ __ __ __ __ __
a) b) c) d) e) f) g) h) i) j)

a) $23 \cdot (16 + 55)$
b) $49 \cdot (14 + 33)$
c) $(55 + 26) \cdot 19$
d) $66 \cdot (147 - 18)$
e) $15\,000 : (7859 + 7141)$
f) $200\,000 : (458\,967 - 458\,467)$
g) $5874 \cdot (137 + 450 \cdot 3)$
h) $895\,741 - ([136 + 5] \cdot 4)$
i) $54\,300 \cdot (138 - [159 - 126])$
j) $(48\,000 : 600 + 140) \cdot 17 + 136 \cdot 19$

G = 400
O = 8 734 638
R = 895 177
S = 6 324
A = 1
T = 1 539
Y = 2 303
H = 8 514
A = 5 701 500
P = 1 633

Name:

Querbeet (1)

Aufgabe

Berechne die Aufgaben mit dem Taschenrechner. Wenn du ihn um 180° drehst, kannst du ein Lösungswort ablesen. Schreibe es auf.

a) $125 \cdot 16 + 284 \cdot 11 + 3805 : 5 + 50 \cdot 25 =$ ______

b) $15{,}5 \cdot 214 + 12{,}3 \cdot 140 - 50 \cdot 46{,}7 =$ ______

c) $(578{,}54 + 3410{,}5 - 942{,}14) \cdot 10{,}5 - 275{,}45 =$ ______

d) $(285 + 3 \cdot 404) \cdot 6 - 667 =$ ______

e) $15224 \cdot 3 : 4 - (2615 + 1069) =$ ______

f) $(18 \cdot 340 + 1900 \cdot 7) \cdot 3 - 6881 =$ ______

g) $(123{,}2 + 87{,}44 + 178{,}36) \cdot 19 =$ ______

h) $4 \cdot (2 \cdot 259 + 472{,}3 + 794{,}2) =$ ______

i) $(158 \cdot 1{,}5 + 88 \cdot 2{,}5) \cdot 13600000 : 850000 =$ ______

j) $6000000 \cdot (12{,}85 - 3{,}35) \cdot 9 : 1000000 =$ ______

k) $2 \cdot (2{,}25 + 3{,}75) \cdot (34{,}85 + 38{,}15) \cdot 4 =$ ______

Name: ______________________

Querbeet (2)

Aufgabe 1

Berechne die Aufgaben mit dem Taschenrechner. Wenn du ihn um 180° drehst, kannst du ein Lösungswort ablesen. Schreibe es auf.

a) $4\,587\,607\,147 + 1\,498\,630\,470 + 1\,050\,963\,857 + 218\,152\,063 =$ ______________________

b) $14{,}3 + 16{,}9 \cdot 14{,}3 + 13{,}8 \cdot 15{,}2 + 341{,}27 =$ ______________________

c) $51 \cdot (34 - 146) + 6\,442 =$ ______________________

d) $-17 \cdot (147 - [38 + 14] \cdot 12) + 65\,826 =$ ______________________

e) $6\,000\,000 \cdot (12{,}85 - 3{,}35) \cdot 9 : 1\,000\,000 =$ ______________________

f) $368\,457 + 547\,236 - 266\,574 + 51\,478 - 685\,082 =$ ______________________

Aufgabe 2

Ergänze die fehlenden Zahlen. Rechne mit dem Taschenrechner.

$137 \cdot 14 +$ ______________ = GOOGLE

______________ $+ 16 \cdot 147 + 505173 =$ LEBLOS

______________ $: (55 + 91) =$ ES

______________ $: 16 + 24 \cdot (187 - 187) =$ HOLZ

Station 1

Echte Brüche in Dezimalzahlen umwandeln

Name: ____________________

Wie werden echte Brüche in Dezimalzahlen umgewandelt?

1 Zunächst muss der Bruch eingegeben werden (z. B. $\frac{3}{4}$).

Bei den meisten Taschenrechnern gehst du wie folgt vor:

Tippe die [3] ein.
Wähle die Bruchtaste [a b/c].
Tippe die [4] ein.

2 Nun wird der Bruch in eine Dezimalzahl umgewandelt.

Bei den meisten Taschenrechnern gehst du wie folgt vor:

Wähle die „Second-Funktion-Taste“ [2nd].
Drücke [F↔D].
Auf dem Display erscheint [0.75].

Tipp: Sollte die oben beschriebene Vorgehensweise nicht funktionieren, kannst du auch folgendermaßen vorgehen:

Der Bruch „$\frac{3}{4}$“ bedeutet nichts anderes als „3 : 4“. Gib die Divisionsaufgabe ein, dann erhältst du [0.75].

Bruchrechnung

Aufgabe

Tippe die Brüche in deinen Taschenrechner. Lasse sie vom Taschenrechner in Dezimalzahlen umwandeln. Notiere sie im Kreuzzahlrätsel. Beachte: Trage jedes Komma in ein eigenes Kästchen ein.

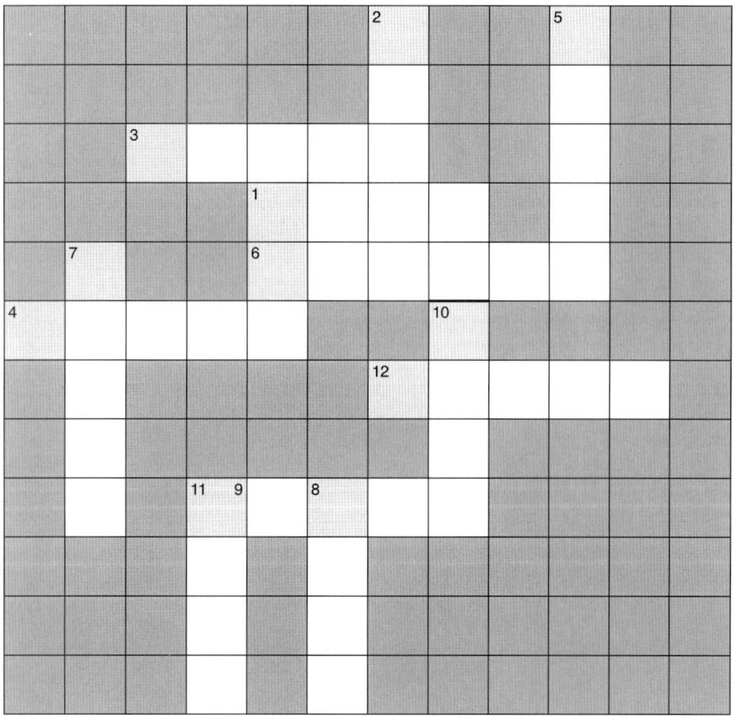

Waagerecht: 1) $\frac{1}{4}$ 3) $\frac{73}{500}$ 4) $\frac{163}{250}$ 6) $\frac{1111}{2000}$ 9) $\frac{17}{250}$ 12) $\frac{16}{125}$

Senkrecht: 2) $\frac{5}{8}$ 5) $\frac{193}{200}$ 7) $\frac{117}{200}$ 8) $\frac{700}{10000}$ 10) $\frac{29}{50}$ 11) $\frac{9}{100}$

Station 2

Dezimalzahlen in echte Brüche umwandeln

Name: ______________________

Wie werden Dezimalzahlen in echte Brüche umgewandelt?

Zunächst wird die Dezimalzahl mithilfe der Kommataste [·] eingegeben (z. B. [0.75]).

Nun wird die Dezimalzahl in einen Bruch umgewandelt.
Bei den meisten Taschenrechnern gehst du wie folgt vor:

Wähle die „Second-Funktion-Taste“ [2nd].

Drücke [F↔D].

Auf dem Display erscheint [3⌋4].

Aufgabe

Tippe die Dezimalzahlen in deinen Taschenrechner. Lasse sie vom Taschenrechner in Brüche umwandeln. Unten sind alle Ergebnisse durcheinander abgebildet. Streiche das entsprechende Ergebnis durch.

a) 0,25	b) 0,125
c) 0,126	d) 0,9
e) 0,85	f) 0,648
g) 0,015	h) 0,754
i) 0,805	j) 0,045
k) 0,308	l) 0,604

$\frac{1}{4}$ $\frac{17}{20}$ $\frac{9}{10}$ $\frac{81}{125}$ $\frac{63}{500}$ $\frac{1}{8}$ $\frac{151}{250}$

$\frac{3}{200}$ $\frac{377}{500}$ $\frac{161}{200}$ $\frac{77}{250}$ $\frac{9}{200}$

Station 3

Gemischte Brüche in unechte Brüche umwandeln

Name: ______________________

Wie werden gemischte Brüche in unechte Brüche umgewandelt?

1 Zunächst muss der gemischte Bruch als solcher eingegeben werden (z. B. $2\frac{3}{4}$).

Bei den meisten Taschenrechnern gehst du wie folgt vor:

Tippe die [2] ein.

Drücke die Bruchtaste [a b/c].

Tippe die [3] ein.

Drücke die Bruchtaste [a b/c].

Tippe die [4] ein.

2 Die gemischte Schreibweise wird nun in einen Bruch umgewandelt.

Bei den meisten Taschenrechnern gehst du wie folgt vor:

Wähle die „Second-Funktion-Taste" [2nd].

Drücke [d/c].

Das Ergebnis ist $\frac{11}{4}$.

Bruchrechnung

Aufgabe

Tippe die gemischten Brüche in deinen Taschenrechner. Lasse sie vom Taschenrechner in unechte Brüche umwandeln. Im Kasten unten sind alle Ergebnisse durcheinander abgebildet. Streiche alle gefundenen Lösungen durch.

a) $1\frac{1}{4}$ b) $2\frac{1}{2}$ c) $4\frac{7}{11}$ d) $6\frac{8}{9}$ e) $10\frac{1}{3}$ f) $4\frac{3}{5}$

g) $17\frac{3}{8}$ h) $12\frac{5}{6}$ i) $48\frac{1}{4}$ j) $32\frac{4}{7}$ k) $105\frac{4}{10}$ l) $55\frac{3}{11}$

$\frac{5}{2}$	$\frac{31}{3}$	$\frac{51}{11}$	$\frac{139}{8}$	$\frac{193}{4}$	$\frac{77}{6}$
$\frac{62}{9}$	$\frac{23}{5}$	$\frac{228}{7}$	$\frac{527}{5}$	$\frac{608}{11}$	$\frac{5}{4}$

Unechte Brüche in gemischte Brüche umwandeln

Name: ______________________

Wie werden unechte Brüche in gemischte Brüche umgewandelt?

1 Zunächst muss der Bruch als solcher eingegeben werden (z. B. $\frac{7}{5}$).

Bei den meisten Taschenrechnern gehst du wie folgt vor:

Tippe die [7] ein.

Drücke die Bruchtaste [$a^{b/c}$].

Tippe die [5] ein.

2 Der unechte Bruch wird nun in gemischte Schreibweise umgewandelt.

Bei den meisten Taschenrechnern gehst du wie folgt vor:

Betätige die Gleich-Taste [=].

Das Ergebnis ist $1\frac{2}{5}$.

Aufgabe

Tippe die unechten Brüche in deinen Taschenrechner. Lasse sie vom Taschenrechner in die gemischte Schreibweise umwandeln. Die Buchstaben zu den Lösungen ergeben ein Lösungswort.

___ ___ ___ ___ ___ ___ ___ ___ ___ ___ ___ ___ ___ ___ ___ ___
a) b) c) d) e) f) g) h) i) j) k) l) m) n) o) p)

a) $\frac{7}{4}$ b) $\frac{6}{3}$ c) $\frac{11}{5}$ d) $\frac{23}{2}$ e) $\frac{17}{4}$ f) $\frac{68}{17}$

g) $\frac{55}{6}$ h) $\frac{137}{4}$ i) $\frac{64}{7}$ j) $\frac{45}{14}$ k) $\frac{487}{17}$ l) $\frac{777}{12}$

m) $\frac{647}{8}$ n) $\frac{405}{33}$ o) $\frac{42}{3}$ p) $\frac{397}{2}$

K = $1\frac{3}{4}$ T = 4 G = $28\frac{11}{17}$ V = $3\frac{3}{14}$

Z = $198\frac{1}{2}$ A = $9\frac{1}{6}$ M = $11\frac{1}{2}$ S = $80\frac{7}{8}$ O = 2 M = $2\frac{1}{5}$

I = $9\frac{1}{7}$ T = 14 E = $64\frac{3}{4}$ U = $4\frac{1}{4}$ T = $34\frac{1}{4}$ E = $12\frac{3}{11}$

Name: ______________________

Brüche kürzen

Wie werden Brüche mit dem Taschenrechner gekürzt?

1 Gib den Bruch in den Taschenrechner ein (z. B. $\frac{15}{35}$).
Bei den meisten Taschenrechnern gehst du wie folgt vor:

Tippe die [1] [5] ein.
Drücke die Bruchtaste [$a^{b/c}$].
Tippe die [3] [5] ein.

2 Betätige die Gleich-Taste [=].

Das Ergebnis ist $\frac{3}{7}$.

Aufgabe

Kürze mithilfe des Taschenrechners. Gib das Ergebnis, falls möglich, in gemischter Schreibweise an. Im Kasten unten sind die Ergebnisse durcheinander abgebildet. Streiche alle gefundenen Lösungen durch.

a) $\frac{2}{30}$	b) $\frac{20}{16}$	c) $\frac{45}{30}$	d) $\frac{18}{12}$	e) $\frac{34}{36}$
f) $\frac{10}{20}$	g) $\frac{60}{144}$	h) $\frac{108}{180}$	i) $\frac{150}{90}$	j) $\frac{140}{350}$
k) $\frac{40}{60}$	l) $\frac{63}{36}$	m) $\frac{96}{120}$	n) $\frac{84}{112}$	o) $\frac{184}{36}$

$\frac{1}{2}$ $1\frac{3}{4}$ $1\frac{1}{4}$ $1\frac{1}{2}$ $1\frac{1}{2}$ $\frac{2}{5}$

$\frac{5}{12}$ $1\frac{2}{3}$ $\frac{3}{5}$

$\frac{2}{3}$ $\frac{4}{5}$ $\frac{3}{4}$ $5\frac{1}{9}$ $\frac{17}{18}$ $\frac{1}{15}$

Name:

Brüche addieren

Wie werden Brüche addiert (z. B. $\frac{4}{7} + \frac{1}{2}$)?

1 Gib den ersten Summanden $\frac{4}{7}$ als Bruch ein.

Bei den meisten Taschenrechnern gehst du wie folgt vor:

Tippe die [4] ein.

Drücke die Bruchtaste [$a^{b/c}$].

Tippe die [7] ein.

2 Betätige die Plus-Taste [+].

3 Gib den zweiten Summanden $\frac{1}{2}$ als Bruch ein.

Bei den meisten Taschenrechnern gehst du wie folgt vor:

Tippe die [1] ein.

Drücke die Bruchtaste [$a^{b/c}$].

Tippe die [2] ein.

Das Ergebnis ist $1\frac{1}{14}$.

Aufgabe

Berechne mit dem Taschenrechner. Gib die Lösung, falls möglich, in gemischter Schreibweise an. Suche die Lösungen im Bild und verbinde sie in der richtigen Reihenfolge miteinander. Wenn du alles richtig gemacht hast, erscheint ein entsprechendes Bild.

a) $\frac{1}{4} + \frac{2}{4}$

b) $\frac{4}{7} + \frac{2}{7}$

c) $\frac{5}{13} + \frac{6}{13}$

d) $\frac{1}{4} + \frac{1}{2}$

e) $\frac{4}{7} + \frac{2}{5}$

f) $\frac{1}{3} + \frac{2}{5}$

g) $\frac{5}{8} + \frac{2}{9}$

h) $\frac{3}{4} + \frac{6}{7}$

i) $\frac{1}{11} + \frac{1}{12}$

j) $\frac{2}{17} + \frac{3}{34}$

k) $\frac{1}{7} + \frac{2}{7} + \frac{3}{5}$

l) $\frac{7}{9} + \frac{5}{8} + \frac{3}{4}$

m) $\frac{3}{12} + \frac{5}{14} + \frac{6}{7}$

n) $\frac{1}{2} + \frac{1}{4} + \frac{1}{5}$

o) $\frac{1}{6} + \frac{1}{7} + \frac{1}{8}$

p) $\frac{2}{16} + \frac{2}{18} + \frac{2}{20}$

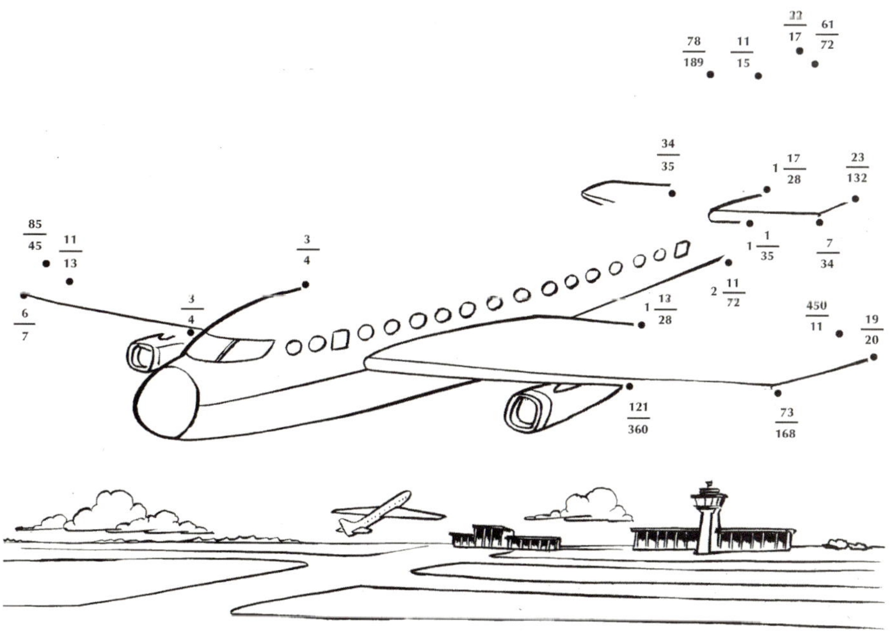

Name: ____________________

Brüche subtrahieren

Wie werden Brüche subtrahiert (z. B. $\frac{5}{9} - \frac{3}{8}$)?

1 Gib den Minuenden $\frac{5}{9}$ als Bruch ein.
Bei den meisten Taschenrechnern gehst du wie folgt vor:

Tippe die [5] ein.
Drücke die Bruchtaste [a b/c].
Tippe die [9] ein.

2 Betätige die Minus-Taste [–].

3 Gib den Subtrahenden $\frac{3}{8}$ als Bruch ein.
Bei den meisten Taschenrechnern gehst du wie folgt vor:

Tippe die [3] ein.
Drücke die Bruchtaste [a b/c].
Tippe die [8] ein.

Das Ergebnis ist $\frac{13}{72}$.

Aufgabe

Berechne mit dem Taschenrechner. Gib das Ergebnis, falls möglich, in gemischter Schreibweise an. Im Kasten unten sind die Ergebnisse durcheinander abgebildet. Streiche alle gefundenen Lösungen durch.

a) $\frac{5}{7} - \frac{2}{5}$ b) $\frac{1}{2} - \frac{2}{5}$ c) $\frac{5}{6} - \frac{3}{4}$ d) $\frac{4}{5} - \frac{4}{13}$ e) $\frac{14}{15} - \frac{19}{21}$

f) $\frac{9}{10} - \frac{3}{5}$ g) $\frac{1}{2} - \frac{3}{10}$ h) $\frac{7}{9} - \frac{2}{3}$ i) $\frac{77}{144} - \frac{5}{12}$ j) $\frac{7}{8} - \frac{863}{1000}$

k) $\frac{77}{144} - \frac{5}{12}$ l) $\frac{14}{15} - \frac{1}{3} - \frac{2}{5}$ m) $\frac{13}{15} - \frac{1}{90} - \frac{2}{9}$ n) $\frac{44}{75} - \frac{8}{125} - \frac{11}{375}$

o) $4\frac{3}{5} - 2\frac{1}{8}$ p) $3\frac{1}{6} - 1\frac{4}{5}$ q) $13\frac{1}{9} - 4\frac{5}{8}$ r) $6\frac{3}{7} - 5\frac{8}{9}$

$\frac{11}{35}$ $\frac{37}{75}$ $\frac{17}{144}$ $\frac{17}{144}$ $\frac{1}{5}$ $\frac{3}{10}$

$\frac{32}{65}$ $\frac{1}{9}$ $\frac{1}{5}$ $\frac{3}{250}$ $\frac{1}{12}$ $\frac{1}{35}$

$1\frac{11}{30}$ $\frac{1}{10}$ $\frac{34}{63}$ $\frac{19}{30}$ $8\frac{35}{72}$ $2\frac{19}{40}$

Brüche multiplizieren

Name: ____________________

Wie werden Brüche multipliziert (z. B. $\frac{3}{8} \cdot \frac{4}{12}$)?

1 Gib den ersten Faktor $\frac{3}{8}$ als Bruch ein.
Bei den meisten Taschenrechnern gehst du wie folgt vor:

Tippe die [3] ein.
Drücke die Bruchtaste [a b/c].
Tippe die [8] ein.

2 Betätige die Mal-Taste [×].

3 Gib den zweiten Faktor $\frac{4}{12}$ als Bruch ein.
Bei den meisten Taschenrechnern gehst du wie folgt vor:

Tippe die [4] ein.
Drücke die Bruchtaste [a b/c].
Tippe die [1] [2] ein.

Das Ergebnis ist $\frac{1}{8}$.

Aufgabe

Berechne mit dem Taschenrechner. Gib die Lösung, falls möglich, in gemischter Schreibweise an. Suche die Ergebnisse unten und streiche sie durch.

a) $\frac{3}{4} \cdot 3$ b) $\frac{5}{9} \cdot 4$ c) $\frac{2}{5} \cdot \frac{3}{4}$ d) $\frac{3}{5} \cdot \frac{3}{7}$ e) $\frac{7}{10} \cdot \frac{5}{6}$

f) $\frac{3}{4} \cdot \frac{3}{5}$ g) $\frac{6}{7} \cdot \frac{4}{9}$ h) $\frac{5}{15} \cdot \frac{5}{25}$ i) $\frac{27}{14} \cdot \frac{56}{81}$ j) $\frac{14}{81} \cdot \frac{27}{28}$

k) $\frac{117}{135} \cdot \frac{450}{390}$ l) $\frac{33}{16} \cdot \frac{34}{17}$ m) $\frac{147}{18} \cdot \frac{13}{56}$ n) $\frac{40}{240} \cdot \frac{80}{720}$

o) $\frac{8}{15} \cdot \frac{5}{6} \cdot \frac{3}{4}$ p) $\frac{14}{9} \cdot \frac{15}{21} \cdot \frac{6}{7}$ q) $\frac{2}{5} \cdot \frac{2}{5} \cdot \frac{2}{5}$ r) $\frac{12}{35} \cdot \frac{21}{16} \cdot \frac{25}{42}$

s) $2\frac{1}{4} \cdot 3\frac{1}{2}$ t) $5\frac{6}{7} \cdot 3\frac{7}{8}$ u) $11\frac{2}{3} \cdot 14\frac{6}{7}$ v) $25\frac{5}{7} \cdot 37\frac{8}{9}$

$\frac{1}{15}$ $\frac{7}{12}$ $7\frac{7}{8}$ $173\frac{1}{3}$ $\frac{1}{6}$ $\frac{8}{21}$ $974\frac{2}{7}$ $\frac{20}{21}$

1 $\frac{3}{10}$ $2\frac{1}{4}$ $2\frac{2}{9}$ $\frac{9}{35}$ $\frac{1}{3}$ $\frac{15}{56}$

$\frac{9}{20}$ $\frac{1}{54}$ $1\frac{43}{48}$ $1\frac{1}{3}$ $22\frac{39}{56}$ $4\frac{1}{8}$ $\frac{8}{125}$

Station 9

Name: ____________

Brüche dividieren

Wie werden Brüche dividiert (z. B. $\frac{11}{12} : \frac{3}{4}$)?

1 Gib den Dividenden $\frac{11}{12}$ als Bruch ein.
Bei den meisten Taschenrechnern gehst du wie folgt vor:

Tippe die [1] [1] ein.
Drücke die Bruchtaste [$a^{b/c}$].
Tippe die [1] [2] ein.

2 Betätige die Geteilt-Taste [÷].

3 Gib den Divisor $\frac{3}{4}$ als Bruch ein.
Bei den meisten Taschenrechnern gehst du wie folgt vor:

Tippe die [3] ein.
Drücke die Bruchtaste [$a^{b/c}$].
Tippe die [4] ein.

Das Ergebnis ist $1\frac{2}{9}$.

Aufgabe

Berechne mit dem Taschenrechner. Gib die Lösung, falls möglich, in gemischter Schreibweise an. Im Kasten unten sind die Ergebnisse durcheinander abgebildet. Streiche alle gefundenen Lösungen durch.

a) $\frac{12}{13} : 7$ b) $\frac{3}{8} : 9$ c) $\frac{5}{6} : \frac{2}{3}$ d) $\frac{8}{15} : \frac{3}{10}$ e) $\frac{15}{18} : \frac{25}{24}$

f) $\frac{32}{35} : \frac{24}{25}$ g) $\frac{10}{17} : \frac{36}{39}$ h) $\frac{42}{85} : \frac{126}{51}$ i) $\frac{108}{117} : \frac{36}{39}$ j) $\frac{68}{81} : \frac{119}{108}$

k) $\frac{75}{52} : \frac{165}{39}$ l) $\frac{75}{78} : \frac{125}{3}$ m) $\frac{85}{51} : \frac{102}{136}$ n) $\frac{126}{135} : \frac{42}{165}$ o) $\frac{9}{11} : \frac{1}{2} : \frac{1}{4}$

p) $\frac{14}{15} : \frac{3}{4} : 4$ q) $\frac{1}{2} : \frac{1}{2} : \frac{1}{2}$ r) $4\frac{3}{4} : 5$ s) $14\frac{5}{15} : 7\frac{2}{3}$ t) $2\frac{1}{2} : 1\frac{3}{4}$

u) $3\frac{1}{9} : 4\frac{1}{5}$

$\frac{65}{102}$ $1\frac{7}{9}$ $\frac{1}{5}$ $1\frac{1}{4}$ $\frac{16}{21}$ $1\frac{20}{23}$ $\frac{3}{130}$ $\frac{19}{20}$ $1\frac{3}{7}$ $2\frac{2}{9}$

$\frac{1}{24}$ $\frac{20}{27}$ $\frac{12}{91}$ $\frac{4}{5}$ 1 $\frac{14}{45}$ $\frac{15}{44}$ $3\frac{2}{3}$ 2 $6\frac{6}{11}$ $\frac{20}{21}$

Bruchstriche ersetzen Klammern

Name: ______________________

Aufgabe 1

Fin berechnet folgenden Bruchterm mit dem Taschenrechner: $\frac{8+3}{4\cdot 7}$.
Das Display zeigt 13,25 an.

a) Welchen Fehler hat Fin beim Rechnen gemacht?

____

b) Ermittle die richtige Lösung mithilfe des Taschenrechners. ______________________

Bruchstriche ersetzen Klammern

Betrachte folgende Aufgabe: $\frac{17-5}{4+2}$

Manche Schüler tippen folgende falsche Tasten zum Lösen der Aufgabe:

[1] [7] [−] [5] [÷] [4] [+] [2]

Der Taschenrechner zeigt 17,75 als Ergebnis an. Richtig ist allerdings 2.
Der Bruchstrich trennt Zähler und Nenner. Zunächst muss im Zähler subtrahiert werden (17 − 5). Anschließend wird im Nenner addiert (4 + 2). Erst zum Schluss werden die beiden Ergebnisse dividiert. Also: (17 − 5) : (4 + 2).

Aufgabe 2

Gib die genaue und korrekte Tasteneingabe für folgende Bruchterme an:

a) $\frac{17-5}{4+2}$ b) $\frac{478+522}{4\cdot 5}$ c) $\frac{23\cdot 11}{15\cdot 10}$

Aufgabe 3

Berechne mit dem Taschenrechner. Im Kasten unten sind die Ergebnisse durcheinander abgebildet. Streiche alle gefundenen Lösungen durch.

a) $\frac{125\cdot 8}{5\cdot 40}$ b) $\frac{640+250}{27-2}$ c) $\frac{14\cdot 38}{276:23}$ d) $\frac{12\cdot(35+45)}{1122:187}$

e) $\frac{180{,}2+314{,}3+210{,}5}{126{,}6+873{,}4}$ f) $\frac{4\cdot(230{,}4+128{,}6)}{4\cdot 500}$

44,33 160 5 35,6 0,718 0,705

Bruchrechnung

Name: ____________

Vermischte Übungen

Aufgabe

Berechne mit dem Taschenrechner. Gib die Lösung, falls möglich, in gemischter Schreibweise an. Kreuze in der rechten Spalte jeweils das richtige Ergebnis an.

a) $\frac{3}{4}+\frac{1}{7}$	☐ $\frac{25}{28}$	☐ $\frac{26}{68}$
b) $\frac{2}{5}+\frac{3}{8}$	☐ $\frac{32}{41}$	☐ $\frac{31}{40}$
c) $\frac{17}{4}+\frac{3}{5}$	☐ $4\frac{17}{20}$	☐ $4\frac{16}{21}$
d) $4\frac{1}{7}+5\frac{2}{3}$	☐ $9\frac{17}{21}$	☐ $10\frac{17}{21}$
e) $17\frac{1}{8}+39\frac{1}{4}$	☐ $56\frac{3}{8}$	☐ 56
f) $\frac{2}{7}-\frac{1}{8}$	☐ $\frac{5}{56}$	☐ $\frac{9}{56}$
g) $\frac{3}{4}-\frac{7}{15}$	☐ $\frac{17}{61}$	☐ $\frac{17}{60}$
h) $\frac{2}{3}-\frac{9}{39}$	☐ $\frac{17}{39}$	☐ $\frac{17}{60}$
i) $2\frac{3}{4}-1\frac{1}{3}$	☐ $1\frac{5}{12}$	☐ $\frac{12}{5}$
j) $55\frac{1}{8}-46\frac{8}{9}$	☐ $8\frac{17}{70}$	☐ $8\frac{17}{72}$
k) $\frac{3}{4}\cdot\frac{4}{9}$	☐ $\frac{1}{3}$	☐ $\frac{2}{3}$
l) $\frac{15}{32}\cdot\frac{2}{30}$	☐ $\frac{1}{32}$	☐ $\frac{1}{33}$
m) $\frac{140}{3}\cdot\frac{15}{7}$	☐ 100	☐ 101
n) $\frac{139}{3}:\frac{15}{35}$	☐ 108	☐ $108\frac{1}{9}$
o) $2\frac{4}{7}:1\frac{3}{5}$	☐ $1\frac{17}{28}$	☐ $2\frac{17}{28}$
p) $14\frac{1}{2}:16\frac{3}{4}$	☐ $\frac{58}{67}$	☐ $\frac{67}{58}$
q) $\frac{46\cdot 18\cdot 27\cdot 35}{16\cdot 125}$	☐ 391,23	☐ 491,23
r) $\frac{(23{,}7+56{,}8)\cdot(23{,}7+56{,}8)}{549{,}7-3{,}5\cdot 14{,}2}$	☐ 12,9605	☐ 21,6950
s) $\frac{125\cdot(41{,}2-31{,}5)}{2{,}5\cdot 2{,}5}$	☐ 194	☐ 149

Name: ______________________

Prozentwert berechnen

Wie wird der Prozentwert berechnet?

Dazu betrachten wir folgende Aufgabe: Wie viel ist 30 % von 720 €?
Tippe dazu Folgendes in deinen Taschenrechner ein:

1 Tippe die [7] [2] [0] ein.
2 Betätige die Mal-Taste [×].
3 Tippe die [3] [0] ein.
4 Betätige die Prozenttaste [%]. Dies geht bei vielen Taschenrechnern über die Taste [2nd], anschließend wird die Prozenttaste [%] gedrückt.
5 Betätige die Gleich-Taste [=].

Auf dem Display erscheint das Ergebnis [216].

Tipp: Alternativ kannst du auch wie folgt vorgehen:

1 Tippe die [7] [2] [0] ein.
2 Betätige die Mal-Taste [×].
3 Tippe die [3] [0] ein.
4 Betätige die Geteilt-Taste [÷].
5 Tippe die [1] [0] [0] ein.
6 Betätige die Gleich-Taste [=].

Auf dem Display erscheint das Ergebnis [216].

Aufgabe

Berechne die Aufgaben mit dem Taschenrechner und trage die Ergebnisse richtig in das Kreuzzahlrätsel ein. Beachte: Jedes eventuell vorkommende Komma steht in einem eigenen Kästchen.

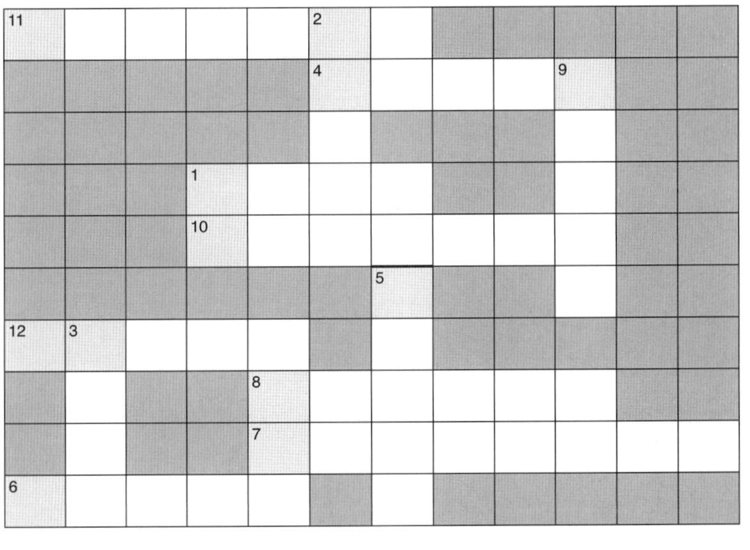

Waagerecht:
1) 8 % von 80 000
4) 19 % von 450 000
6) 16 % von 64,625
7) 75 % von 740 230
8) 100 % von 200 000
10) 0,25 % von 26,98
11) 2,5 % von 70,81
12) 1,4 % von 2 840

Senkrecht:
2) 48 % von 60 000
3) 25 % von 38 400
5) 77 % von 65 000
9) 0,4 % von 64

Station 2

Name: ______

Grundwert berechnen

Wie wird der Grundwert berechnet?

Dazu betrachten wir folgende Aufgabe: 40 % von G sind 336.
Tippe dazu Folgendes in deinen Taschenrechner ein:

1 Tippe die [3] [3] [6] ein.

2 Betätige die Geteilt-Taste [÷].

3 Tippe die [4] [0] ein.

4 Betätige die Prozenttaste [%]. Dies geht bei vielen Taschenrechnern über die Taste [2nd], anschließend wird die Prozenttaste [%] gedrückt.

5 Betätige die Gleich-Taste [=].

Auf dem Display erscheint das Ergebnis [840].

Tipp: Alternativ kannst du auch wie folgt vorgehen:

1 Tippe die [3] [3] [6] ein.

2 Betätige die Geteilt-Taste [÷].

3 Tippe die [4] [0] ein.

2 Betätige die Mal-Taste [×].

5 Tippe die [1] [0] [0] ein.

6 Betätige die Gleich-Taste [=].

Auf dem Display erscheint das Ergebnis [840].

Aufgabe

Berechne die einzelnen Grundwerte. Verbinde mit dem richtigen Ergebnis auf der rechten Seite.

a) 30 % von G sind 810 000	72 000 000
b) 15 % von G sind 180 000	500 000
c) 12 % von G sind 960 000	2 100 000
d) 5 % von G sind 105 000	8 000 000
e) 6 % von G sind 4 320 000	2 700 000
f) 8 % von G sind 6 480 000	18 000
g) 36 % von G sind 122,4	2 010
h) 95 % von G sind 4 987,5	50 000
i) 62 % von G sind 11 160	81 000 000
j) 85 % von G sind 1 708,5	340
k) 7,5 % von G sind 3 750	5 250
l) 83 % von G sind 415 000	1 200 000

Name: ____________________

Prozentsatz berechnen

Wie wird der Prozentsatz berechnet?

Dazu betrachten wir folgende Aufgabe: p % von 800 sind 360.
Tippe dazu Folgendes in deinen Taschenrechner ein:

1 Tippe die [3] [6] [0] ein.
2 Betätige die Geteilt-Taste [÷].
3 Tippe die [8] [0] [0] ein.
4 Betätige die Mal-Taste [×].
5 Tippe die [1] [0] [0] ein.
6 Betätige die Gleich-Taste [=].

Auf dem Display erscheint das Ergebnis [45].

Aufgabe

Berechne die Aufgaben mit dem Taschenrechner. Runde dein Ergebnis gegebenenfalls auf Einer.
Die Buchstaben zu den Lösungen ergeben ein Lösungswort.

Lösungswort:

___ ___ ___ ___ ___   ___ ___ ___ ___ ___ ___ ___
a) b) c) d) e)   f) g) h) i) j) k) l)

a) p % von 300 sind 60
b) p % von 180 sind 28
c) p % von 119,20 sind 9,04
d) p % von 95,60 sind 38
e) p % von 150 sind 72
f) p % von 110 sind 88
g) p % von 1 200 sind 336
h) p % von 1 220 sind 854
i) p % von 180 sind 144
j) p % von 150 sind 86
k) p % von 34 sind 10
l) p % von 73,2 sind 25

O = 8 %   L = 16 %   H = 80 %   T = 48 %   R = 80 %
E = 29 %   N = 57 %
T = 40 %   N = 34 %
E = 28 %   C = 70 %   F = 20 %

Station 4

Name: ____________________

Rabatt und Aufschlag

Wie werden Rabatte und Aufschläge berechnet?

Dazu betrachten wir folgende Aufgabe: Ein Paar Schlittschuhe kostet 85 €. In der Winter-Aktionswoche wurde der Preis um 14 % reduziert. Wie hoch ist der neue Preis?

1 Tippe die [8] [5] ein.

2 Betätige die Minus-Taste [–].

3 Tippe die [1] [4] ein.

4 Betätige die Prozenttaste [%]. Dies geht bei vielen Taschenrechnern über die Taste [2nd], anschließend wird die Prozenttaste [%] gedrückt.

5 Betätige die Gleich-Taste [=].

Auf dem Display erscheint das Ergebnis [73.10].

Aufgabe 1

Berechne die reduzierten Preise. Im Kasten unten sind die Ergebnisse durcheinander abgebildet. Streiche alle gefundenen Lösungen durch.

a) Preis: 400 €; Verminderung: 5 %
b) Preis: 850 €; Verminderung: 20 %
c) Preis: 550 €; Verminderung: 45 %
d) Preis: 1 540 €; Verminderung: 60 %
e) Preis: 25 000 €; Verminderung: 7 %
f) Preis: 425,70 €; Verminderung: 15 %

302,50 € 361,85 € 380 € 23 250 € 616 € 680 €

Aufgabe 2

Ein Radio kostete vorher 40 €. Der Preis wurde um 12 % erhöht. Wie hoch ist der neue Preis? Schreibe für die genaue Eingabe der einzelnen Zahlen und Tasten eine Anweisung (vgl. Infokasten oben).

Aufgabe 3

Berechne die erhöhten Preise. Im Kasten unten sind die Ergebnisse durcheinander abgebildet. Streiche alle gefundenen Lösungen durch.

a) Preis: 50 €; Erhöhung: 6 %
b) Preis: 550 €; Erhöhung: 28 %
c) Preis: 1440 €; Erhöhung: 1 %
d) Preis: 74,40 €; Erhöhung: 30 %
e) Preis: 687 €; Erhöhung: 70 %
f) Preis: 38 000 €; Erhöhung: 4 %

96,72 € 39 520 € 704 € 1 454,40 € 1 167,90 € 53 €

Station 5

Name:

Vermischte Übungen (1)

Berechne die Aufgaben mit dem Taschenrechner. Im Kasten unten sind die Ergebnisse durcheinander abgebildet. Streiche alle gefundenen Lösungen durch.

Aufgabe 1

Berechne die einzelnen Prozentwerte.

a) 7 % von 550
b) 20 % von 870
c) 82 % von 600
d) 42 % von 500
e) 95 % von 460
f) 37 % von 480
g) 58 % von 1 200
h) 75 % von 32 000

Aufgabe 2

Berechne die einzelnen Grundwerte.

a) 40 % von G sind 5 000
b) 25 % von G sind 4 570
c) 77 % von G sind 400,4
d) 18 % von G sind 84,60
e) 82 % von G sind 1 025
f) 53 % von G sind 1 314,4

Aufgabe 3

Berechne die einzelnen Prozentsätze. Runde dein Ergebnis gegebenenfalls auf Einer.

a) p % von 600 sind 240
b) p % von 850 sind 212,5
c) p % von 1 020 sind 714
d) p % von 2 650 sind 212
e) p % von 4 100 sind 3 649
f) p % von 3 500 sind 1 715

Aufgabe 4

Berechne die neuen Preise.

a) Preis: 350 €; Erhöhung: 3 %
b) Preis: 420 €; Verminderung: 6 %
c) Preis: 1 520 €; Verminderung: 55 %
d) Preis: 34 000 €; Erhöhung: 23 %

38,50 25 2 480 437 89
696 520 210 177,6 684
492 41 820
24 000 360,5 12 500
394,8 18 280
70 470 1 250
8 174 40 49

Prozentrechnung

Station 6

Name:

Vermischte Übungen (2)

Berechne die Aufgaben mit dem Taschenrechner. Im Kasten unten sind die Ergebnisse durcheinander abgebildet. Streiche alle gefundenen Lösungen durch.

Aufgabe 1

Tim muss 35 % seines Gehaltes für Miete ausgeben.
Wie viel Euro sind das, wenn er 2 347 € im Monat verdient?

Aufgabe 2

Stürmer Dinges hat 3 seiner 25 Tore in der letzten Saison per Kopfball erzielt.
Wie viel Prozent sind das?

Aufgabe 3

Ein Handy zum Preis von 247 € wird um 23 % reduziert.
Wie hoch ist der neue Handypreis?

Aufgabe 4

Die Fahrkarte von Nidda nach Ranstadt kostet im Monat 35,50 €.
Zum Jahreswechsel wird der Preis um 5,5 % erhöht.
Wie viel kostet die Monatsfahrkarte von Nidda nach Ranstadt jetzt?

Aufgabe 5

Der Preis einer DVD (17,75 €) wird um 3,8 % erhöht und anschließend wieder um 3,8 % gesenkt. Jetzt kostet sie wieder 17,75 €. Kann das stimmen?
Überprüfe mit dem Taschenrechner.

190,19	12	Das kann nicht stimmen.	37,45	821,45

Name: ____________________

Quadratzahlen

Wie werden Quadratzahlen berechnet (z. B. 23^2)?

1 Tippe die [2] [3] ein.

2 Betätige die Quadrattaste [x^2].

Auf dem Display erscheint 529.

Alternativ kannst du auch Folgendes eingeben:

[2] [3] [×] [2] [3].

Auf dem Display erscheint 529.

Aufgabe

Berechne die Quadratzahlen mit dem Taschenrechner. Notiere im Kreuzzahlrätsel.
Beachte: Jedes Komma steht in einem eigenen Kästchen im Rätsel.

Waagerecht:

1) 15^2 4) 75^2
6) 120^2 7) 125^2
9) 405^2 10) 437^2
12) $3{,}8^2$ 13) $14{,}75^2$
15) $89{,}03^2$ 18) $(-17)^2$
20) $(-0{,}587)^2$ 21) $(-2{,}54)^2$

Senkrecht:

2) $2{,}5^2$ 3) 65^2
5) 97^2 8) 259^2
11) 950^2 14) $22{,}7^2$
16) $115{,}2^2$ 17) $215{,}5^2$
19) $(-12{,}6)^2$ 22) 23^2

Name: ____________

(Quadrat-)Wurzeln

Wie werden (Quadrat-)Wurzeln gezogen (z. B. $\sqrt{12996}$)?

1 Tippe die [1] [2] [9] [9] [6] ein.

2 Betätige die Wurzeltaste [√].
Hinweis: Bei manchen Taschenrechnern muss das Wurzelzeichen über die Tasten [2nd] und [√] gedrückt werden.
Auf dem Display erscheint [114].

Bei manchen Taschenrechnern muss zunächst die Wurzeltaste [√] und dann erst die Zahl [1] [2] [9] [9] [6] eingegeben werden.

Aufgabe

Berechne die Quadratwurzeln mit dem Taschenrechner. Im Kasten unten sind die Ergebnisse durcheinander abgebildet. Streiche alle gefundenen Lösungen durch.

a) $\sqrt{289}$	b) $\sqrt{729}$	c) $\sqrt{2025}$	d) $\sqrt{3721}$
e) $\sqrt{7744}$	f) $\sqrt{10816}$	g) $\sqrt{25281}$	h) $\sqrt{0}$
i) $\sqrt{226576}$	j) $\sqrt{561001}$	k) $\sqrt{1081600}$	l) $\sqrt{4937284}$
m) $\sqrt{12{,}96}$	n) $\sqrt{212{,}5764}$	o) $\sqrt{(-16{,}4)}$	p) $\sqrt{0{,}0625}$
q) $\sqrt{\frac{1}{2}}$	r) $\sqrt{\frac{9}{16}}$	s) $\sqrt{1\frac{1}{4}}$	t) $\sqrt{\frac{16}{21}}$

17 14,58 0,71 27 749
45 3,6 0,87
1 040
nicht möglich $\frac{3}{4}$ 159
476 88
104 61 0
2 222 0,25 1,12

Station 3

Potenzieren (beliebige Hochzahlen)

Name: ______________________

Wie wird potenziert (z. B. 27^4)?

1 Tippe die [2] [7] ein.

2 Betätige die Potenzierungstaste [y^x].

3 Tippe die [4] ein.

Auf dem Display erscheint 531441.

Aufgabe

Potenziere mit dem Taschenrechner. Suche die Lösungen im Bild und verbinde sie in der richtigen Reihenfolge miteinander. Wenn du alles richtig gemacht hast, erscheint ein entsprechendes Bild.

a) 5^3	b) 7^4	c) 2^9	d) 6^3	e) 1^{99}	f) 4^7
g) 12^4	h) 11^5	i) 13^7	j) 20^3	k) 25^3	l) 46^2
m) $3{,}5^3$	n) $12{,}4^3$	o) $1{,}5^3$	p) $(-8)^3$		

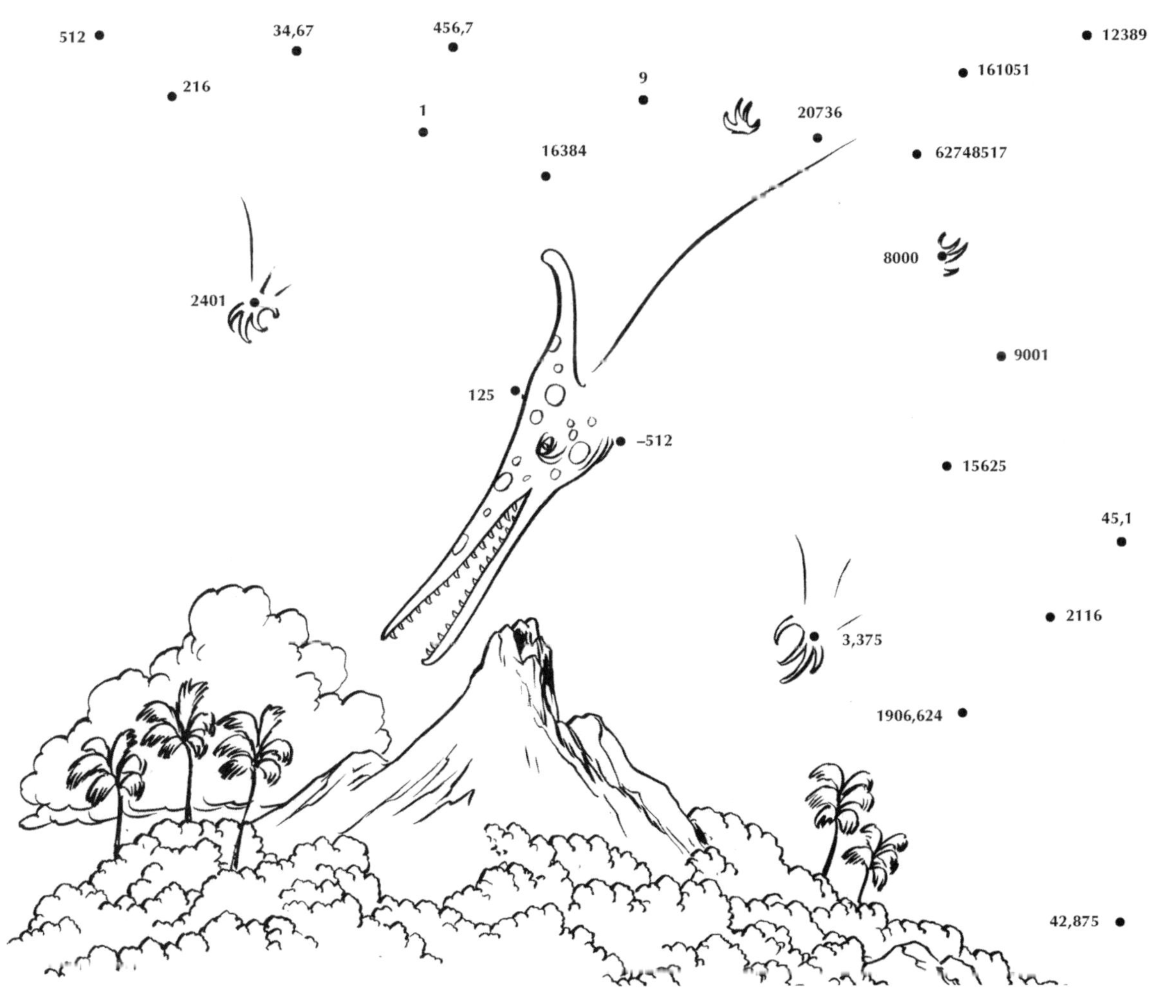

Station 4

Name: ____________

Radizieren (die x.-te Wurzel aus y)

Wie wird radiziert (z. B. $\sqrt[3]{8}$ [= die 3. Wurzel aus 8])?

1 Tippe die [8] ein.

2 Aktiviere die Radizierungstaste [$\sqrt[x]{y}$]. Dies geht wie folgt:

Aktiviere die 2nd-Taste [2nd].

Drücke die Radizierungstaste [$\sqrt[x]{y}$].

3 Tippe die [3] ein.

Auf dem Display erscheint [2].

Aufgabe

Radiziere mit dem Taschenrechner. Die Buchstaben zu den Lösungen ergeben ein Lösungswort.

Lösungswort:

___ ___ ___ ___ ___ ___ ___ ___ ___ ___ ___ ___ ___
a) b) c) d) e) f) g) h) i) j) k) l) m)

a) $\sqrt[5]{243}$ b) $\sqrt[8]{256}$ c) $\sqrt[7]{823\,543}$

d) $\sqrt[5]{1\,024}$ e) $\sqrt[6]{531\,441}$ f) $\sqrt[5]{9\,765\,625}$

g) $\sqrt[6]{1\,000\,000}$ h) $\sqrt[4]{4\,096}$ i) $\sqrt[7]{279\,936}$

j) $\sqrt[6]{7\,529\,536}$ k) $\sqrt[4]{810\,000}$ l) $\sqrt[5]{164\,916\,224}$

m) $\sqrt[4]{6\,250\,000}$

R = 7 N = 50 E = 44 E = 8

U = 2 L = 25 C = 14 Z = 10 H = 30

E = 9 I = 6 Z = 4 W = 3

Station 5

Name:

Fakultät

1 2

Was sind Fakultäten und wie werden sie berechnet (z. B. 7! [gelesen: 7 Fakultät])?

7! bedeutet 7·6·5·4·3·2·1. Dies kann man mühsam mit 7 Faktoren und sechsmaligem Betätigen der Mal-Taste [×] eingeben.

Das geht allerdings auch einfacher. Gehe dazu wie folgt vor:

1 Tippe die [7] ein.

2 Aktiviere die Fakultätstaste [x!]. Dies geht bei den meisten Taschenrechnern wie folgt:

Aktiviere die 2nd-Taste [2nd].

Drücke die Fakultätstaste [x!].

Auf dem Display erscheint [5040].

Aufgabe

Berechne mit dem Taschenrechner. Unten sind alle Lösungen in der richtigen Reihenfolge hintereinander aufgeschrieben. Trenne die Lösungen mit Strichen voneinander ab.

a) 4!	b) 8!	c) 10!	d) 3!	e) 5!	f) 7!
g) 1!	h) 12!	i) 9!	j) 11!	k) 2!	l) 6!

24403203628800612050401479001600362880399168002720

Station 6

Name: ____________

Kreiszahl π

Wie wird mit der Kreiszahl π gerechnet (z. B. $5 \cdot \pi$)?

1 Tippe die [5] ein.

2 Betätige die Mal-Taste [×].

3 Aktiviere die π-Taste [π].
Hinweis: Bei manchen Taschenrechnern musst du die π-Taste [π] über die 2nd-Taste [2nd] aufrufen.

Auf dem Display erscheint [15.70796327].

Aufgabe

Berechne die Aufgaben mit dem Taschenrechner. Runde das Ergebnis auf zwei Stellen. Im Kasten unten sind die Ergebnisse durcheinander abgebildet. Streiche alle gefundenen Lösungen durch. Beachte: Kommas wurden im Zahlensalat nicht abgebildet. Setze sie richtig ein.

a) $7 \cdot \pi$
b) $135 + \pi$
c) $\frac{255}{\pi}$
d) $23^2 \cdot \pi$
e) $80^2 \cdot \pi$
f) $7{,}5^2 \cdot \pi : 3$
g) $4{,}53^2 \cdot \pi : 3$
h) $24^2 \cdot \pi \cdot \frac{1}{3}$
i) $\pi \cdot 8^3$
j) $29 \cdot \pi \cdot 36$

16085 589 2010619 2199 8117
2149 13814 16619 60319 327982

Station 7

Name: ______________________

Sinus, Kosinus & Co. (1)

Wie werden Sinus-, Kosinus- und Tangenswerte von Winkelgrößen berechnet?

Beachte: Bei allen Berechnungen sollte dein Taschenrechner auf den **DEG**-Modus (engl. *degree* = Grad) eingestellt sein. Im Display kannst du den eingestellten Modus erkennen (DEG, RAD oder Grad).

Modus auf **DEG** umstellen:

Betätige so lange die DRG-Taste [DRG], bis im Display DEG erscheint.

Beispielrechnung: sin 70°

1 Tippe die [7] [0] ein.

2 Betätige die Sinustaste [sin].

3 Auf dem Display erscheint [0.93...].

Beispielrechnung: cos 60°

1 Tippe die [6] [0] ein.

2 Betätige die Kosinustaste [cos].

3 Auf dem Display erscheint [0.5].

Aufgabe

Berechne die Aufgaben mit dem Taschenrechner. Runde das Ergebnis auf zwei Stellen nach dem Komma. Im Kasten unten sind die Ergebnisse durcheinander abgebildet. Streiche alle gefundenen Lösungen durch.

a) sin 40°	b) sin 70°	c) cos 30°	d) cos 85°	e) tan 10°
f) tan 58°	g) sin 120°	h) cos 120°	i) tan 120°	j) sin 149
k) tan 177°	l) cos 122°	m) cos 250°	n) sin 344°	o) tan 360

0,64	0,94	0,87	0	0,18
1,6	−0,53	−0,28	−0,5	0,09
−1,73	−0,05	0,87	0,52	−0,34

Station 8

Name: ______________________

Sinus, Kosinus & Co. (2)

Wie werden Winkelwerte aus Sinus, Kosinus und Tangens berechnet?

Beachte: Bei allen Berechnungen sollte dein Taschenrechner auf den **DEG**-Modus (engl. *degree* = Grad) eingestellt sein. Im Display kannst du den eingestellten Modus erkennen (DEG, RAD oder Grad).

Modus auf **DEG** umstellen:

Betätige so lange die DRG-Taste [DRG], bis im Display DEG erscheint.

Beispiel: $\sin\alpha = 0{,}64$; gesucht: α

1 Tippe die [0] [·] [6] [4] ein.

2 Betätige die Umkehrsinustaste [$\sin^{-1}$].
Hinweis: Bei den meisten Taschenrechnern muss die Umkehrsinustaste über die Tasten [2nd] und [sin] gedrückt werden.

Auf dem Display erscheint [39.79...].

Aufgabe 1

Berechne die Winkelgröße von α. Runde das Ergebnis auf zwei Stellen nach dem Komma. Im Kasten unten sind die Ergebnisse durcheinander abgebildet. Streiche alle gefundenen Lösungen durch.

a) $\sin\alpha = 0{,}77$ b) $\sin\alpha = 0{,}97$ c) $\sin\alpha = 0{,}26$ d) $\sin\alpha = 1$

Aufgabe 2

Überlege, wie du die Winkelgröße über Kosinus bzw. über Tangens berechnen kannst. Berechne die Winkelgröße von α. Runde das Ergebnis auf zwei Stellen nach dem Komma. Im Kasten unten sind die Ergebnisse durcheinander abgebildet. Streiche alle gefundenen Lösungen durch.

a) $\cos\alpha = 0{,}85$ b) $\tan\alpha = 9{,}51$ c) $\tan\alpha = 0{,}16$ d) $\cos\alpha = 0{,}64$
e) $\cos\alpha = 0{,}72$ f) $\tan\alpha = 0{,}81$ g) $\tan\alpha = 1{,}38$ h) $\sin\alpha = 0{,}91$
i) $\cos\alpha = 0$ j) $\tan\alpha = 1$ k) $\cos\alpha = -0{,}09$ l) $\sin\alpha = 0{,}82$

9,09° 75,93° 50,21° 90° 15,07°
43,95° 95,16° 84° 55,08° 31,79°
39,01° 54,07° 90° 50,35° 45° 65,51°

Station 9

Logarithmus

Name:

Wie werden Logarithmen berechnet?

Beachte: Die Logarithmusfunktion der meisten Taschenrechner ermittelt lediglich Logarithmen zur Basis 10.

Beispiel: $\log_{10} 500$

1 Tippe die 5 0 0 ein.

2 Betätige die Logarithmustaste LOG.

Auf dem Display erscheint 2.69897..., also $10^{2,7} \approx 500$.

Aufgabe

Berechne die Logarithmenwerte mit dem Taschenrechner. Runde das Ergebnis auf zwei Stellen nach dem Komma. Verbinde mit den richtigen Lösungen auf der rechten Seite.

a) $\log_{10} 600$	–0,278
b) $\log_{10} 1\,000$	5,46
c) $\log_{10} 40$	1,65
d) $\log_{10} 1\,200$	2,78
e) $\log_{10} 5\,487$	3,08
f) $\log_{10} 24\,789$	4,39
g) $\log_{10} 125\,000$	5,1
h) $\log_{10} 12{,}5$	2,91
i) $\log_{10} 44{,}98$	1,1
j) $\log_{10} 287\,000$	7,65
k) $\log_{10} 45\,000\,000$	0,67
l) $\log_{10} 4{,}7$	1,6
m) $\log_{10} 368\,745{,}23$	3,74
n) $\log_{10} 0{,}527$	5,57
o) $\log_{10} 60\,347$	4,78
p) $\log_{10} 810{,}54$	3

Station 1: Wo ist welche Taste?

Seite 7

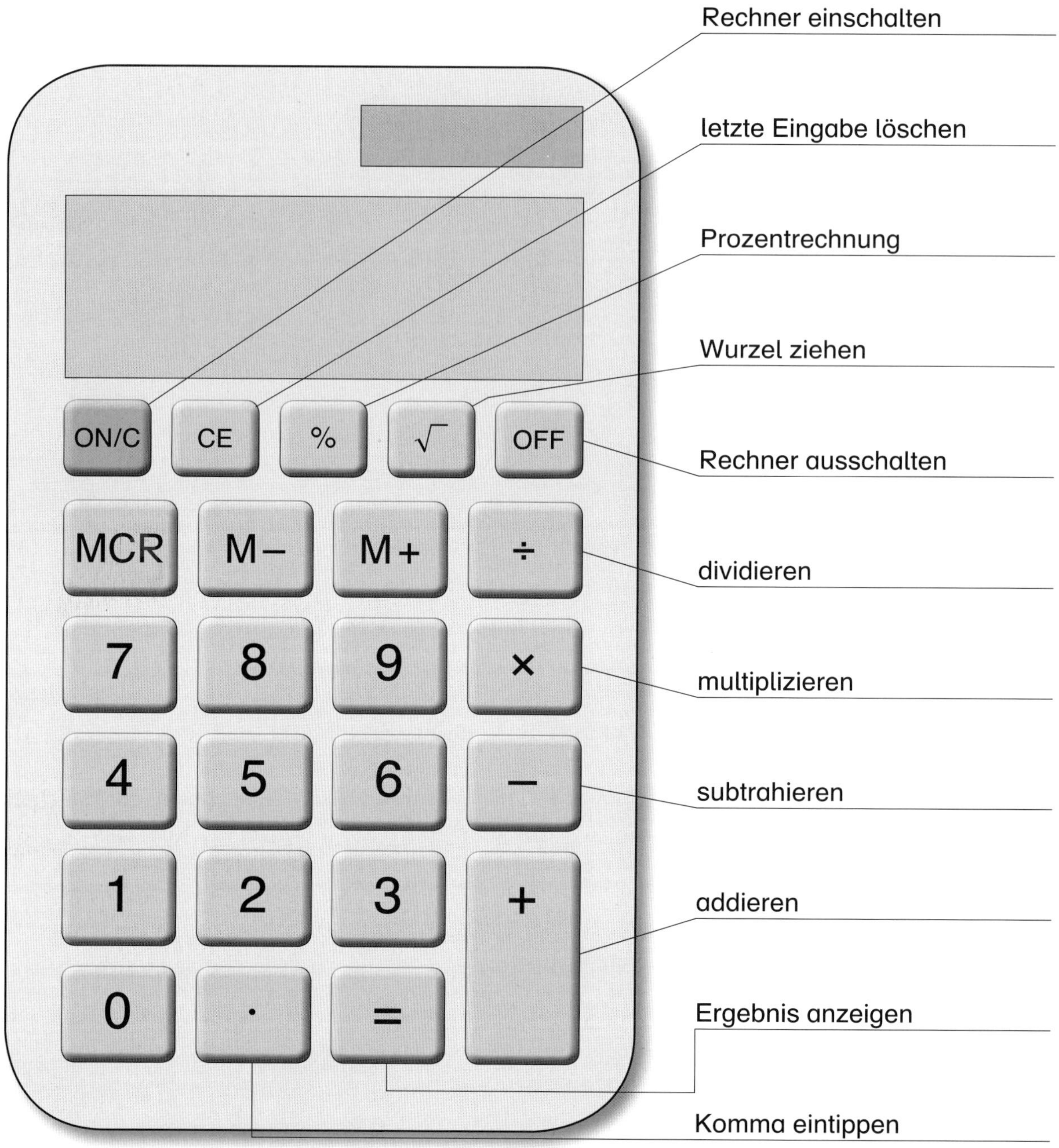

Station 2: Mein eigener Taschenrechner

Seite 8

Keine Lösungsangabe möglich.

Station 3: Wichtige Tasten

Seite 9

a) Der Taschenrechner wird ein- oder ausgeschaltet.
b) Die letzte Eingabe wird rückgängig gemacht.
c) Das Ergebnis wird eingeblendet.
d) Über diese Taste lassen sich Zusatzfunktionen von anderen Tasten aufrufen.
e) Mit dieser Taste kann man ein Komma eingeben.

Station 4: Zahlen eingeben (1)

Seite 10

1)

a) EHE — **b)** ESSE
c) HEBEL — **d)** SEGEL
e) BIOLOGE — **f)** GOBI
g) SOLE — **h)** HOSE
i) LIEBE — **j)** ELSE
k) ESSIG — **l)** BOESE
m) ELLI — **n)** IGEL

2)

a) 739 — **b)** 7353
c) 38715 — **d)** 3713
e) 513 — **f)** 3704
g) 8314 — **h)** 39317

Station 5: Zahlen eingeben (2)

Seite 11

IGEL ESEL SIE EIS GIEBEL HESSE SOHLE LIEBE SOSSE HOLE HOSE HOBEL
SIEB SEE GEL LIEGE BOESE LIBELLE LEISE GEOLOGIE

W	E	E	S	E	L	R	H	L	C	H	O	S	E	F
I	T	R	S	N	L	E	I	S	E	L	Z	Q	K	Z
M	R	G	E	V	J	I	B	X	T	Q	I	G	E	L
D	H	E	S	S	E	V	M	W	L	A	J	A	T	O
M	R	O	O	T	E	H	O	B	E	L	E	E	S	R
G	I	L	S	A	Y	G	E	M	X	I	K	L	E	Y
E	J	O	S	Z	R	S	Q	M	T	E	T	O	E	K
L	T	G	E	M	U	I	M	O	R	B	G	J	G	B
Q	C	I	U	T	R	E	D	A	L	E	A	S	A	O
L	I	E	G	E	Z	R	W	T	M	N	D	O	R	E
Z	E	K	M	S	I	E	B	T	B	O	F	H	U	S
L	I	E	X	F	A	A	P	Y	K	F	R	L	I	E
A	S	H	B	R	Y	P	B	G	I	E	B	E	L	M
E	I	B	L	I	B	E	L	L	E	V	E	K	Q	I
F	K	U	D	U	H	O	L	E	E	H	M	T	L	A

Station 6: Speichern

Seite 12

a) 108 618 b) 77 914
c) 64 106 d) 81 592
e) 141 293 f) 69 832
g) 6 048 h) 44 795

Station 7: Zahlenanzeige (1)

Seite 13

a) 367 100 000 000 b) 250 000 000 000
c) 2 730 000 000 000 d) 500 000 000 000
e) 680 800 000 000 000 f) 400 587 000 000

Station 8: Zahlenanzeige (2)

Seite 14

a) 0,000 000 000 25 b) 0,000 000 000 358 7
c) 0,000 000 000 06 d) 0,000 000 000 009 4
e) 0,000 000 000 000 540 7 f) 0,000 000 000 000 003 005

Station 1: Addition von natürlichen Zahlen

Seite 15

a) 106 597 b) 232 691 c) 662 861 d) 8 461 574 e) 1 619 144 f) 900 388
g) 1 087 462 h) 833 055 i) 7 602 919 j) 13 274 743 k) 9 209 297

Station 2: Addition und Subtraktion von ganzen Zahlen

Seite 16

a) −4 076 b) −2 939 040 c) −1 184 878 d) −987 930 000 e) 925 422
f) 562 307 g) −4 634 259 h) −136 715 i) −190 987 j) −724 073
k) 5 666 828

Station 3: Addition und Subtraktion von rationalen Zahlen

Seite 17

										[12] –		[8] –		[13] –
							[7] –	4	8	1	,	4	2	4
		[4] –								0		1		,
[6] –	1	3	9	6	,	0	5			,		7		1
		,					[9] +			7		5		6
	[3] +	3			[2] +		4			2		,		1
	1	3		[1] +	1	2	,	3	8	6		6		7
	,				,		3					8		
[10] –	0	,	2	9	2	7	4		[5] +	1	,	4	3	5
	3				0		2					7		
	8		[11] +	2	2	,	5	7	5					

Station 4: Multiplikation und Division von natürlichen Zahlen

Seite 18

[1] 1	[2] 7	1	8	[3] 1	5	0	4								
	0			4				[4] 3							
	8			4				9		[5] 8					
	2		[6] 6	5	0	8	8	8		2					
	7			4				[7] 4	0	1	7				
	5			4						4					
[8] 1	0	4	[9] 8	8	0										
0			7								[10] 2				
4		[11] 1	0	4	2	5		[12] 9	9	9	9				
0			1								[13] 6	3	9	0	1
2			[14] 2	[15] 3	4	8	[16] 4		[17] 2		5				
				5			[18] 5	0	5	6	8				
		[19] 1	0	2	6		5		3		2				
		7		8			4		8		9				
		2							8						
	[20] 1	0	2	[21] 5	0										
		9		2											
				4											
				1											
				1											

Station 5: Multiplikation und Division von ganzen Zahlen

Seite 19

a) −3807	**b)** −26125	**c)** 12103	**d)** 26325
e) −32256	**f)** −276452	**g)** −280575	**h)** −219420
i) 882795	**j)** 2599065	**k)** 8655182	**l)** −18952326
m) −441294	**n)** 2259504	**o)** −409464	

Station 6: Multiplikation und Division von rationalen Zahlen

Seite 20

Lösungswort: Elektrizitätswerk

Station 7: Vermischte Übungen zu den Grundrechenarten

Seite 21

(2417319 + 1354496) SIBILLE arbeitet im (–1,83 + 1,85) ZOO.

Ihr Hund heißt (0,42375 + 0,39425) BIBO.

Außerdem hat sie noch einen (–27361 + 34752) IGEL.

Ihre große (72539 – 34222) LIEBE heißt [–25 · (–32,32)] BOB.

(–52147 + 52955) BOB ist allerdings ein (0,3548 – 1,06399) GIGOLO.

Er hat viel [–9976,5 : (–13,5)] GEL in den Haaren.

Außerdem ist er immer sehr (489818,643 : 0,537) GEIZIG.

Nichts ist im (–253174 – (–1170892)) BILLIG genug.

Der [–13770 · (–0,4)] BOSS von (754363 · 0,5) SIBILLE ist [–16700,98 : (–0,47)] HESSE.

Er wohnt in einer (127316 + 246988) HOEHLE und ist von

Beruf (–4518314 + 8425353) GEOLOGE.

Manchmal verhält er sich wie ein (47351 – 39998) ESEL.

Station 8: Punktrechnung vor Strichrechnung — Seite 22

1)
a) Timo hat wohl eher als Ergebnis 200 erwartet.
b) Das Ergebnis des Taschenrechners ist richtig, weil die Rechenregel „Punkt- vor Strichrechnung“ beachtet wurde.

2)

a) 128	**b)** 993	**c)** 417	**d)** 7754	**e)** 424	**f)** 476346
g) 603821	**h)** 5289	**i)** 827	**j)** 23707	**k)** 5957	**l)** 1110
m) 1408	**n)** 1343	**o)** 4836			

Station 9: Klammern — Seite 23

1)
a) 2000 **b)** 872
c) Bei Aufgabe a) muss wegen der Klammer zunächst die Summe berechnet werden. In Aufgabe b) wird zuerst multipliziert.

2) Lösungswort: Pythagoras

Station 10: Querbeet (1) — Seite 24

a) SEIL	**b)** HOLZ
c) LILIE	**d)** SIEB
e) HELL	**f)** GLEIS
g) IGEL	**h)** BEIL
i) ZIEL	**j)** EIS
k) HOSE	

Station 11: Querbeet (2) — Seite 25

1)
a) $4\,587\,607\,147 + 1\,498\,630\,470 + 1\,050\,963\,857 + 218\,152\,063$ = LESESESSEL
b) $14{,}3 + 16{,}9 \cdot 14{,}3 + 13{,}8 \cdot 15{,}2 + 341{,}27$ = LOB
c) $51 \cdot (34 - 146) + 6\,442$ = OEL
d) $-17 \cdot [147 - (38 + 14) \cdot 12] + 65\,826$ = SEGEL
e) $6\,000\,000 \cdot (12{,}85 - 3{,}35) \cdot 9 : 1\,000\,000$ = EIS
f) $368\,457 + 547\,236 - 266\,574 + 51\,478 - 685\,082$ = SISSI

2)
a) 377091 **b)** 312 **c)** 7738 **d)** 43264

Lösungen: Grundrechenarten und Klammern

Station 1: Echte Brüche in Dezimalbrüche umwandeln

Seite 26

						[2] 0			[5] 0		
						,			,		
		[3] 0	,	1	4	6			9		
				[1] 0	,	2	5		6		
	[7] 0			[6] 0	,	5	5	5	5		
[4] 0	,	6	5	2			[10] 0				
	5					[12] 0	,	1	2	8	
	8						5				
	5		[11] [9] 0	,	[8] 0	6	8				
			,		,						
			0		0						
			9		7						

Station 2: Dezimalzahlen in echte Brüche umwandeln

Seite 27

a) $\frac{1}{4}$ b) $\frac{1}{8}$ c) $\frac{63}{500}$ d) $\frac{9}{10}$ e) $\frac{17}{20}$ f) $\frac{81}{125}$ g) $\frac{3}{200}$

h) $\frac{377}{500}$ i) $\frac{161}{200}$ j) $\frac{9}{200}$ k) $\frac{77}{250}$ l) $\frac{151}{250}$

Station 3: Gemischte Brüche in unechte Brüche umwandeln

Seite 28

a) $\frac{5}{4}$ b) $\frac{5}{2}$ c) $\frac{51}{11}$ d) $\frac{62}{9}$ e) $\frac{31}{3}$ f) $\frac{23}{5}$

g) $\frac{139}{8}$ h) $\frac{77}{6}$ i) $\frac{193}{4}$ j) $\frac{228}{7}$ k) $\frac{527}{5}$ l) $\frac{608}{11}$

Station 4: Unechte Brüche in gemischte Brüche umwandeln

Seite 29

Lösungswort: Kommutativgesetz

Station 5: Brüche kürzen

Seite 30

a) $\frac{1}{15}$ b) $1\frac{1}{4}$ c) $1\frac{1}{2}$ d) $1\frac{1}{2}$ e) $\frac{17}{18}$

f) $\frac{1}{2}$ g) $\frac{5}{12}$ h) $\frac{3}{5}$ i) $1\frac{2}{3}$ j) $\frac{2}{5}$

k) $\frac{2}{3}$ l) $1\frac{3}{4}$ m) $\frac{4}{5}$ n) $\frac{3}{4}$ o) $5\frac{1}{9}$

Station 6: Brüche addieren

Seite 31

a) $\frac{3}{4}$ **b)** $\frac{6}{7}$ **c)** $\frac{11}{13}$ **d)** $\frac{3}{4}$ **e)** $\frac{34}{35}$ **f)** $\frac{11}{15}$

g) $\frac{61}{72}$ **h)** $1\frac{17}{28}$ **i)** $\frac{23}{132}$ **j)** $\frac{7}{34}$ **k)** $1\frac{1}{35}$ **l)** $2\frac{11}{72}$

m) $1\frac{13}{28}$ **n)** $\frac{19}{20}$ **o)** $\frac{73}{168}$ **p)** $\frac{121}{360}$

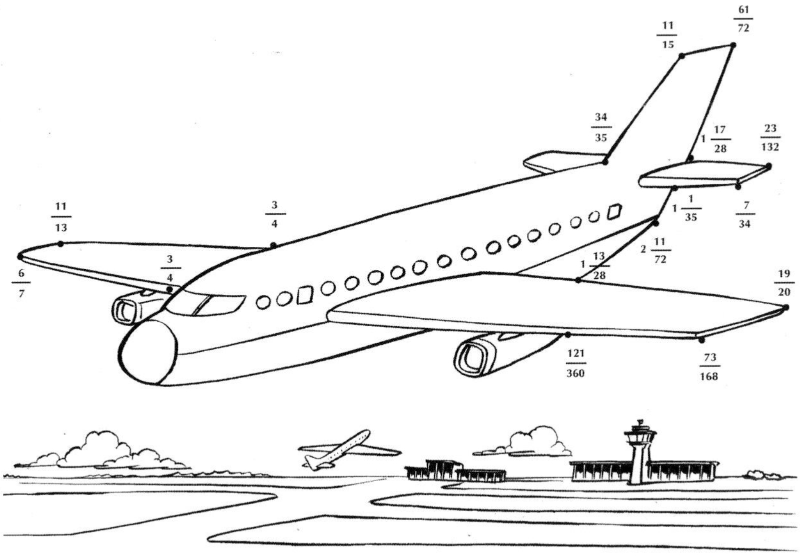

Station 7: Brüche subtrahieren

Seite 32

a) $\frac{11}{35}$ **b)** $\frac{1}{10}$ **c)** $\frac{1}{12}$ **d)** $\frac{32}{65}$ **e)** $\frac{1}{35}$ **f)** $\frac{3}{10}$ **g)** $\frac{1}{5}$

h) $\frac{1}{9}$ **i)** $\frac{17}{144}$ **j)** $\frac{3}{250}$ **k)** $\frac{17}{144}$ **l)** $\frac{1}{5}$ **m)** $\frac{19}{30}$ **n)** $\frac{37}{75}$

Station 8: Brüche multiplizieren

Seite 33

a) $2\frac{1}{4}$ **b)** $2\frac{2}{9}$ **c)** $\frac{3}{10}$ **d)** $\frac{9}{35}$ **e)** $\frac{7}{12}$ **f)** $\frac{9}{20}$ **g)** $\frac{8}{21}$

h) $\frac{1}{15}$ **i)** $1\frac{1}{3}$ **j)** $\frac{1}{6}$ **k)** 1 **l)** $4\frac{1}{8}$ **m)** $1\frac{43}{48}$ **n)** $\frac{1}{54}$

o) $\frac{1}{3}$ **p)** $\frac{20}{21}$ **q)** $\frac{8}{125}$ **r)** $\frac{15}{56}$ **s)** $7\frac{7}{8}$ **t)** $22\frac{39}{56}$

u) $173\frac{1}{3}$ **v)** $974\frac{2}{7}$

Station 9: Brüche dividieren — Seite 34

a) $\frac{12}{91}$ b) $\frac{1}{24}$ c) $1\frac{1}{4}$ d) $1\frac{7}{9}$ e) $\frac{4}{5}$ f) $\frac{20}{21}$

g) $\frac{65}{102}$ h) $\frac{1}{5}$ i) 1 j) $\frac{16}{21}$ k) $\frac{15}{44}$ l) $\frac{3}{130}$

m) $2\frac{2}{9}$ n) $3\frac{2}{3}$ o) $6\frac{6}{11}$ p) $\frac{14}{45}$ q) 2 r) $\frac{19}{20}$

s) $1\frac{20}{23}$ t) $1\frac{3}{7}$ u) $\frac{20}{27}$

Station 10: Bruchstriche ersetzen Klammern — Seite 35

1) a) Fin hat vergessen, dass der Bruchstrich die Klammern ersetzt.
Er hat gerechnet: $8 + 3 : 4 \cdot 7$, also $8 + 0{,}75 \cdot 7 = 8 + 5{,}25 = 13{,}25$

b) 0,392857…

2) a) [( ] [1] [7] [−] [5] [ )] [÷] [( ] [4] [+] [2] [ )]

b) [( ] [4] [7] [8] [+] [5] [2] [2] [ )] [÷] [( ] [4] [×] [5] [ )]

c) [2] [3] [×] [1] [1] [÷] [( ] [1] [5] [×] [1] [0] [ )]

3) a) 5 b) 35,6 c) 44,33 d) 160 e) 0,705 f) 0,718

Station 11: Vermischte Übungen (1) — Seite 36

a) $\frac{25}{28}$ b) $\frac{31}{40}$ c) $4\frac{17}{20}$ d) $9\frac{17}{21}$ e) $56\frac{3}{8}$ f) $\frac{9}{56}$ g) $\frac{17}{60}$

h) $\frac{17}{39}$ i) $1\frac{5}{12}$ j) $8\frac{17}{72}$ k) $\frac{1}{3}$ l) $\frac{1}{32}$ m) 100

n) $108\frac{1}{9}$ o) $1\frac{17}{28}$ p) $\frac{58}{67}$ q) 391,23 r) 12,9605 s) 194

Station 1: Prozentwert berechnen

Seite 37

[11]1	,	7	7	0	[2]2	5					
					[4]8	5	5	0	[9]0		
					8				,		
			[1]6	4	0	0			2		
			[10]0	,	0	6	7	4	5		
						[5]5			6		
[12]3	[3]9	,	7	6		0					
	6			[8]2	0	0	0	0	0		
	0			[7]5	5	5	1	7	2	,	5
[6]1	0	,	3	4		0					

Station 2: Grundwert berechnen

Seite 38

a) 2700000 **b)** 1200000 **c)** 8000000 **d)** 2100000
e) 72000000 **f)** 81000000 **g)** 340 **h)** 5250
i) 18000 **j)** 2010 **k)** 50000 **l)** 500000

Station 3: Prozentsatz berechnen

Seite 39

a) 20 % **b)** 16 % **c)** 8 % **d)** 40 %
e) 48 % **f)** 80 % **g)** 28 % **h)** 70 %
i) 80 % **j)** 57 % **k)** 29 % **l)** 34 %
Lösungswort: Flott rechnen

Station 4: Rabatt und Aufschlag

Seite 40

1) a) 380 € **b)** 680 € **c)** 302,50 € **d)** 616 € **e)** 23250 € **f)** 361,85 €

2) (Lösung kann je nach Taschenrechnermodell anders sein)

[4] [0] [+] [1] [2] [2nd] [%] [=] [4] [4] [.] [8] [0]

3) a) 53 € **b)** 704 € **c)** 1454,40 € **d)** 96,72 € **e)** 1167,90 € **f)** 39520 €

Station 5: Vermischte Übungen (1)

Seite 41

1) **a)** 38,50 **b)** 174 **c)** 492 **d)** 210
e) 437 **f)** 177,6 **g)** 696 **h)** 24 000

2) **a)** 12 500 **b)** 18 280 **c)** 520
d) 470 **e)** 1 250 **f)** 2 480

3) **a)** 40 % **b)** 25 % **c)** 70 %
d) 8 % **e)** 89 % **f)** 49 %

4) **a)** 360,5 € **b)** 394,8 €
c) 684 € **d)** 41 820 €

Station 6: Vermischte Übungen (2)

Seite 42

1) 35 % von 2 347 € = 821,45 €

2) $\frac{3}{25}$ = 12 %

3) 77 % von 247 € = 190,19 €

4) 5,5 % von 35,50 € ≈ 1,95 €; 35,50 € + 1,95 € = 37,45 €

5) Das kann nicht stimmen. (Es sind 17,72 €.)

Station 1: Quadratzahlen

Seite 43

(13) 2	(16) 1	7	,	5	(8) 6	2	5		(10) 1	9	0	(5) 9	6	(11) 9
	3				7							4		0
	(1) 2	2	5		0		(19) 1					0		2
	7				8		5					9		5
	1				1		8							0
	,		(17) 4				,			(6) 1	(3) 4	4	0	0
	0		6				7				2			
(12) 1	4	,	4	4		(4) 5	6	2	5		(18) 2	8	9	
			4							(7) 1	5	6	2	5
			0											
		(20) 0	,	3	4	4	(22) 5	6	9					(14) 5
	(2) 6		2				2							1
(21) 6	,	4	5	1	6		9		(9) 1	6	4	0	2	5
	2													,
	5													2
						(15) 7	9	2	6	,	3	4	0	9

Station 2: (Quadrat-)Wurzeln

Seite 44

a) 17 **b)** 27 **c)** 45 **d)** 61
e) 88 **f)** 104 **g)** 159 **h)** 0
i) 476 **j)** 749 **k)** 1 040 **l)** 2 222
m) 3,6 **n)** 14,58 **o)** nicht möglich **p)** 0,25
q) ≈ 0,71 **r)** $\frac{3}{4}$ **s)** ≈ 1,12 **t)** ≈ 0,87

Station 3: Potenzieren (beliebige Hochzahlen)

Seite 45

a) 125
b) 2 401
c) 512
d) 216
e) 1
f) 16 384
g) 20 736
h) 161 051
i) 62 748 517
j) 8 000
k) 15 625
l) 2 116
m) 42,875
n) 1 906,624
o) 3,375
p) –512

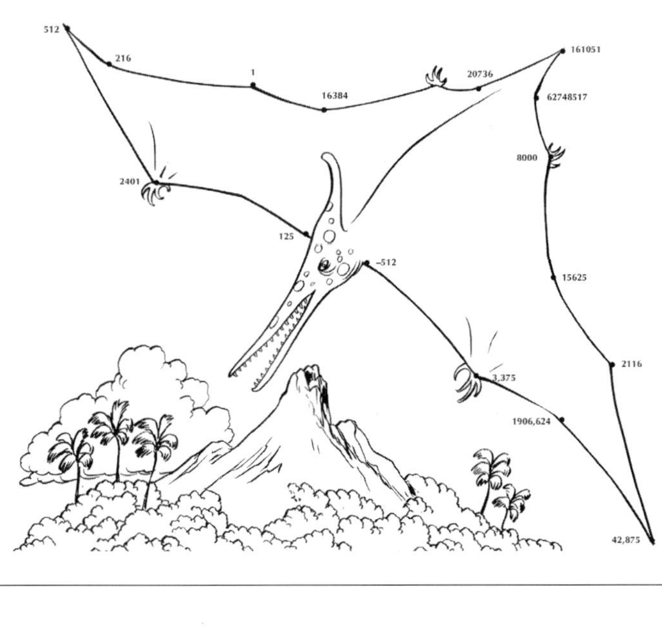

Lösungen: Sonstige mathematische Funktionen

Station 4: Radizieren (die x.-te Wurzel aus y)

Seite 46

a) 3	b) 2	c) 7	d) 4
e) 9	f) 25	g) 10	h) 8
i) 6	j) 14	k) 30	l) 44
m) 50			

Lösungswort: Wurzelzeichen

Station 5: Fakultät

Seite 47

a) 24	b) 40 320	c) 3 628 800	d) 6
e) 120	f) 5 040	g) 1	h) 479 001 600
i) 362 880	j) 39 916 800	k) 2	l) 720

Station 6: Kreiszahl π

Seite 48

a) 21,99	b) 138,14	c) 81,17	d) 1 661,9	e) 20 106,19
f) 58,9	g) 21,49	h) 603,19	i) 1 608,5	j) 3 279,82

Station 7: Sinus, Kosinus & Co. (1)

Seite 49

a) 0,64	b) 0,94	c) 0,87	d) 0,09	e) 0,18	f) 1,6
g) 0,87	h) –0,5	i) –1,73	j) 0,52	k) –0,05	l) –0,53
m) –0,34	n) –0,28	o) 0			

Station 8: Sinus, Kosinus & Co. (2)

Seite 50

1)	a) 50,35°	b) 75,93°	c) 15,07°	d) 90°
2)	a) 31,79°	b) 84°	c) 9,09°	d) 50,21°
	e) 43,95°	f) 39,01°	g) 54,07°	h) 65,51°
	i) 90°	j) 45°	k) 95,16°	l) 55,08°

Station 9: Logarithmus

Seite 51

a) 2,78	b) 3	c) 1,6	d) 3,08
e) 3,74	f) 4,39	g) 5,1	h) 1,1
i) 1,65	j) 5,46	k) 7,65	l) 0,67
m) 5,57	n) –0,278	o) 4,78	p) 2,91